高职高专水利工程类专业"十二五"规划系列教材

# 水利工程 CAD 实训

**主　编**　晏孝才　黄宏亮

**副主编**　沈蓓蓓　贺荣兵　欧阳红

**华中科技大学出版社**

中国·武汉

# 内 容 提 要

本书是《水利工程 CAD 实训》(晏孝才、黄宏亮主编,华中科技大学出版社出版)的配套教材,适用于水利、建筑及相关专业。作者根据长期的教学与工程设计的实践经验精心组织实训内容,不仅介绍了软件本身的基本功能(适用于 AutoCAD 2009 至 AutoCAD 2014 版本),更重要的是结合实例讲授了应用 AutoCAD 绘制水工图和建筑图的方法与技巧,能使读者在较短时间内掌握软件的基本功能,绘制并打印出符合国家标准的工程图。

教育部、财政部决定 2011—2012 年实施"支持高等职业学校提升专业服务能力"项目,重点支持高等职业学校专业建设,提升高等职业教育服务经济社会的能力。本书的编写得到中央财政项目的支持,突出了当前职业教育关于课程改革的新理念,增强了应用性和实用性。

## 图书在版编目(CIP)数据

水利工程 CAD 实训/晏孝才,黄宏亮主编.—武汉:华中科技大学出版社,2013.8(2022.7重印)
ISBN 978-7-5609-9036-1

Ⅰ.①水… Ⅱ.①晏… ②黄… Ⅲ.①水利工程-工程制图-AutoCAD 软件-高等职业教育-习题集 Ⅳ.①TV222.1-39

中国版本图书馆 CIP 数据核字(2013)第 113663 号

**水利工程 CAD 实训**　　　　　　　　　　　　　　　　晏孝才　黄宏亮　主编

策划编辑:谢燕群　熊　慧
责任编辑:熊　慧
封面设计:李　嫚
责任校对:刘　竣
责任监印:周治超
出版发行:华中科技大学出版社(中国·武汉)　　　电话:(027)81321913
　　　　　武汉市东湖新技术开发区华工科技园　　　邮编:430223
录　　排:禾木图文工作室
印　　刷:武汉市首壹印务有限公司
开　　本:787mm×1092mm　1/16
印　　张:12
字　　数:313 千字
版　　次:2022 年 7 月第 1 版第 10 次印刷
定　　价:24.00 元

# 前　　言

AutoCAD 是美国 Autodesk 公司的产品,它广泛应用于机械、建筑、水利等领域,是目前最常用的计算机辅助设计(CAD)软件。AutoCAD 改变了传统的设计与绘图方式,成为现代工程技术人员的重要工具。

《水利工程 CAD》与《水利工程 CAD 实训》是一套讲授如何使用 AutoCAD 绘制工程图的教材,适用于水工、建筑等土建类专业。本书作者是长期从事 AutoCAD 的教学与应用的教师,有着极其丰富的教学和工程应用实践经验,对 AutoCAD 的功能、特点及其在本专业领域的应用有较深入的理解和体会。本套教材按照"以应用为目的,以必需、够用为度"、"加强针对性和实用性"的原则,精心组织教学内容,不仅介绍了软件本身的基本功能(适合于 AutoCAD 2009 至 AutoCAD 2014 各版本),更重要的是,讲授了软件在工程上的应用方法,传授了作者科学研究与工程应用的经验和技巧。全套教材图文并茂、深入浅出、层次清晰、通俗易懂,使初学者能在较短时间内掌握 AutoCAD 软件的基本使用方法,并能绘制、打印出符合制图标准和行业规范的工程图。

教材的实例内容涉及水工、建筑工程图的绘制、标注与打印输出,不同专业的读者可有选择性地阅读。

本书由晏孝才、黄宏亮任主编,沈蓓蓓、贺荣兵、欧阳红任副主编。其中实训 1 由湖北水利水电职业技术学院贺荣兵、余周武编写,实训 2 由长江工程职业技术学院黄宏亮编写,实训 3 由欧阳红、李毓军、胡毓斌编写,实训 5 由湖北水利水电职业技术学院沈蓓蓓编写,实训 4、6、7 由湖北水利水电职业技术学院晏孝才编写。全套教材由湖北水利水电职业技术学院晏孝才统稿。

限于编者的水平,书中不足或错误在所难免,恳请广大读者批评指正。

编　者

2013 年 7 月

# 目　　录

# 实训1　精确绘图的辅助工具

## 模块1　知识链接

**1.绝对坐标与相对坐标**

绝对坐标是相对原点(0，0)的坐标，如图 1-1(a)所示，A(2，1)、B(5，3)是绝对坐标。键盘输入坐标时，X、Y 坐标之间用英文逗号","分隔，不加小括号"( )"。

相对坐标是当前点相对前一点的偏移量，又分为相对直角坐标和相对极坐标两种。

图 1-1(b)所示的为相对直角坐标，用坐标增量表示：@Δx，Δy。B 点相对 A 点的相对坐标表示为@3，2。

图 1-1(c)所示的为相对极坐标，用距离和角度表示：@长度＜角度。C 点相对 A 点的相对极坐标表示为@4＜30。

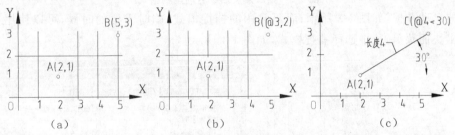

图 1-1　点的坐标

**2.常规输入与动态输入**

从 AutoCAD 2006 版开始推出了动态输入新功能，默认情况下，第一点为绝对坐标，第二点及后续点为相对坐标。通过指针输入可以设置第二点及后续点的坐标格式，如图 1-2 所示。一般不必修改默认设置，要输入绝对坐标，在前面加一个"♯"符号。关闭动态输入后，输入的都是绝对坐标。要输入相对坐标，在坐标前加"@"符号。

坐标输入格式切换的几个约定如下。

(1)极坐标与直角坐标的输入切换：极坐标格式显示下输入","可更改为笛卡儿坐标格式；笛卡儿坐标格式显示下输入"＜"可更改为极坐标格式。

(2)相对坐标与绝对坐标的输入切换：相对坐标格式显示下输入"♯"可更改为绝对坐标格式；绝对坐标格式显示下输入"@"可更改为相对格式。

**3.极轴追踪、对象捕捉、对象捕捉追踪**

使用极轴追踪，在指定第二点及后续点时，使光标沿预先设定的方向移动，通常配合直接距离输入来指定点。

对象捕捉用于指定已有对象上的点，如直线的端点、圆的圆心、两直线的交点等。

使用对象捕捉追踪，可以沿着基于对象捕捉点的对齐路径进行追踪。

对于常用的对象捕捉模式，如端点、圆心、交点、延伸范围等，可以通过对话框将其选择成

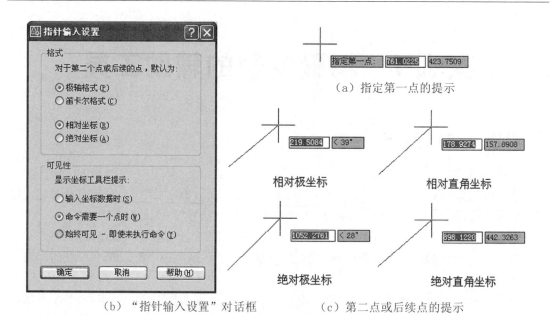

（a）指定第一点的提示

（b）"指针输入设置"对话框　　　　（c）第二点或后续点的提示

**图 1-2　第二点及后续点的坐标格式**

为永久的自动捕捉,如图 1-3 所示;而不常用的捕捉模式,临时需要的时候,可以使用 Shift＋右键弹出快捷菜单,从中选择捕捉模式,如图 1-4 所示。

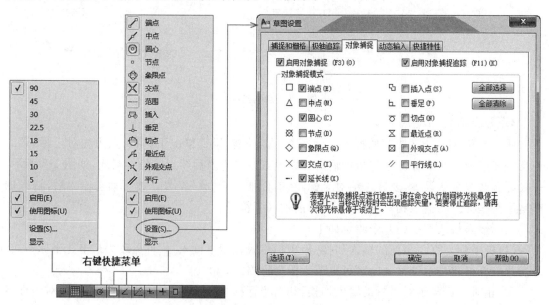

**图 1-3　绘图工具设置 1**

极轴追踪、对象捕捉、对象捕捉追踪是最常用的精确绘图的辅助工具,有以下两种设置方法。

（1）快捷设置:右击工具栏相应按钮,在快捷菜单中选择。

（2）对话框设置:在右键菜单中选择"设置",启动"草图设置"对话框,再选择相应的选项卡进行设置。

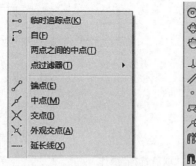

图 1-4　Shift＋右键弹出快捷菜单

### 4.几种输入点的方法

(1)单击:在提示输入点时,单击绘图区内任一点即输入了该点坐标。

(2)输入坐标:一般不用绝对坐标,常用相对坐标。

(3)对象捕捉:在提示输入点时,将光标移动到对象上,可获取对象上的特征点,如图 1-5 所示。

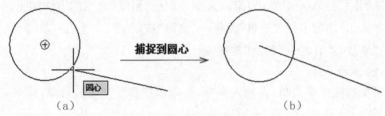

（a）　　　　　　　　　　　（b）

图 1-5　利用对象捕捉指定点

(4)自动追踪:沿对齐路径追踪指定距离的点,有极轴追踪和对象捕捉追踪,如图 1-6 所示,图 1-6(a)为极轴追踪,图 1-6(b)为对象捕捉追踪。

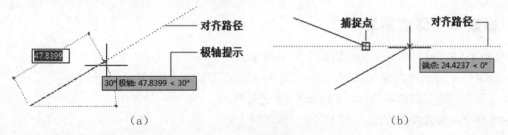

（a）　　　　　　　　　　　（b）

图 1-6　利用追踪指定点

### 5.几个常用操作

(1)空格键。空格键与回车键等效(文字输入除外),用键盘输入命令名、选项、参数之后按空格键即可,不必按回车键。一般,应用软件时,左手操作键盘,右手操作鼠标,需要回车时用大拇指敲击空格键,这样操作更加方便。另外,在"命令:"提示符下按空格键,表示重复执行上一个命令。

(2)Esc 键。Esc 键常用于中止命令的执行与取消选择。一个命令执行中按 Esc 键可以中止该命令的执行,退出命令状态。使用更多的是"取消选择",如图 1-7(a)中"变虚"的对象表示被选中(这是无命令执行而鼠标选择了对象的状态),按 Esc 键即取消选中状态,如图 1-7(b)

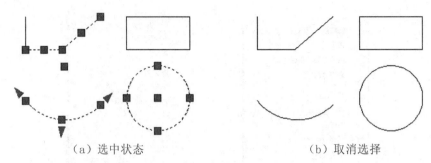

（a）选中状态　　　　　　　　　　　（b）取消选择

图 1-7　"取消选择"操作

所示。

（3）鼠标中键。鼠标中键主要用于实现视图的缩放和平移操作,常用操作有如下三种。

①按住中键移动鼠标实现视图的平移,等效于 工具按钮。

②滚动中键缩放视图,向上滚动放大,向下滚动缩小,等效于 工具按钮。

③双击中键,图形充满绘图窗口显示,等效于输入"Z 空格 E 空格";窗口无图形时,双击中键,屏幕显示为绘图界限设定的范围,等效于输入"Z 空格 A 空格"。

（4）删除。"删除"是 AutoCAD 的编辑命令。调用"删除"命令的方法如下。

①功能区:"常用"选项卡→"编辑"面板→"删除"按钮 。

②工具栏:"修改"工具栏→"删除"按钮 。

③命令行:ERASE(E)。

删除图形对象的操作很简单,先输入命令,按提示选择要删除的对象,回车完成删除操作,命令行提示如下。

命令:_erase　　　　　　　　　　　　;输入命令

选择对象:指定对角点:找到 6 个　　　;选择要删除的对象

选择对象:　　　　　　　　　　　　　;回车完成删除操作

## 模块 2　实训指导

【例 1-1】　利用绝对坐标绘制图 1-8(a)所示图形。

这是一个输入绝对坐标的操作题,因此先关闭动态输入,以便输入绝对坐标。

步骤 1　使用公制样板(acadiso.dwt)新建图形。

步骤 2　设置绘图界限为 120×200,操作如下:

命令:_limits　　　　　　　　　　　　　　　　;输入"图形界限"命令

重新设置模型空间界限:

指定左下角点或[开(ON)/关(OFF)]<0.0000,0.0000>: ;回车确定左下角(0,0)

指定右上角点 <420.0000,297.0000>:120,200　　;输入右上角点坐标(120,200)

命令:z ZOOM　　　　　　　　　　　　　　　　;缩放显示全部绘图范围

指定窗口角点,输入比例因子 (nX 或 nXP),或

[全部(A)/中心点(C)/动态(D)/范围(E)/上一个(P)/比例(S)/窗口(W)]<实时>:a

正在重生成模型。

步骤 3　参照图 1-8(b)所示坐标,用直线命令绘制三角形,操作如下:

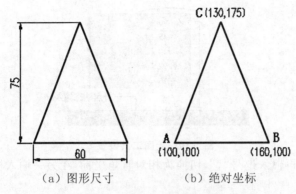

（a）图形尺寸　　　　（b）绝对坐标

**图 1-8　输入绝对坐标作图**

命令：_line 指定第一点：100,100　　　　;单击✎,输入 A 点坐标

指定下一点或[放弃(U)]：160,100　　　　;输入 B 点坐标(如果开启动态输入,坐标前加#)

指定下一点或[放弃(U)]：130,175　　　　;输入 C 点坐标(如果开启动态输入,坐标前加#)

指定下一点或[闭合(C)/放弃(U)]：c　　　;闭合图形,结束

【例 1-2】　利用极轴追踪直接距离输入与相对坐标输入方式绘制图 1-9(a)所示图形。

工程绘图中是很少使用绝对坐标作图的,而配合极轴追踪直接距离输入的方式和相对坐标输入方式是常用的。图 1-9(a)中水平线和垂直线使用极轴追踪直接距离输入。对于斜线,已知的是两端点的坐标差,因此使用相对坐标输入。

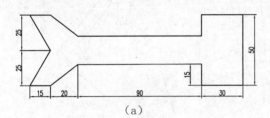

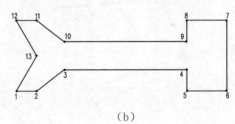

（a）　　　　　　　　　　　　　　　　（b）

**图 1-9　输入相对坐标画图**

按图 1-9(b)所示点的顺序,作图过程如下：

步骤 1　使用公制样板"acadiso.dwt"新建图形;设置图形界限为 200×120,操作如下：

命令：_limits

重新设置模型空间界限：

指定左下角点或[开(ON)/关(OFF)]<0.0000,0.0000>：　;回车,接受默认值"0,0"

指定右上角点<420.0000,297.0000>：200,120　　　　　;输入"200,120",回车

步骤 2　缩放显示。键盘输入"Z 空格 A 空格",此时绘图界面大小为 200×120。

步骤 3　设置绘图工具为极轴,90°,开启动态输入,如图 1-10 所示。

步骤 4　绘制图形,操作说明如下。

(1)输入 LINE 命令,在屏幕左下适当位置单击作为点 1。

(2)右移光标,极轴 0°时,输入 15,回车,至点 2。

(3)输入 20 后,再输入逗号",",切换为相对直角坐标,在另一输入框输入 15,回车,即输入了相对直角坐标"@20,15",至点 3。

(4)右移光标,极轴 0°时,输入 90,回车,至点 4。

(5)下移光标,极轴 270°时,输入 15,回车,至点 5;相同方式操作至点 10。

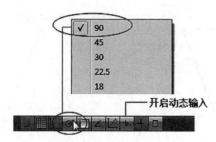

图 1-10　绘图工具设置 2

（6）输入－20 后，再输入逗号"，"，切换为相对直角坐标，在另一输入框输入 15，回车，即输入了相对直角坐标"@－20，15"，至点 11。

（7）左移光标，极轴 180°时，输入 15，回车，至点 12。

（8）输入 15 后，再输入逗号"，"，切换为相对直角坐标，在另一输入框输入－25，回车，即输入了相对直角坐标"@15，－25"，至点 13。

（9）输入 c，回车，闭合至点 1，完成图形。

**【例 1-3】**　利用动态输入绘制图 1-11 所示图形。

图 1-11 所示的角度采用了两种不同的标注，图 1-11（a）以水平线为标注基准，图 1-11（b）标注的是两线段的夹角。下面以两种不同的绘图工具设置来绘图。

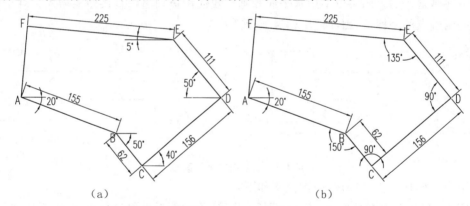

图 1-11　几何图形

**【方法 1】**　使用绝对极轴，按图 1-11（a）所示的标注绘图。

步骤 1　启用动态输入，极轴按默认设置即可，如图 1-12 所示。

步骤 2　绘图要点如下。

（1）输入 LINE 命令，在屏幕适当位置单击作为点 A。

（2）如图 1-13（a）所示，右下移光标，在距离输入框输入 155，按 Tab 键，在角度框输入 20，回车（此时不能用空格键），至点 B。

（3）如图 1-13（b）所示，右下移光标，在距离输入框输入 62，按 Tab 键，在角度框输入 50，回车，至点 C。

（4）如图 1-14（a）所示，右上移光标，在距离输入框输入 156，按 Tab 键，在角度框输入 40，回车，至点 D。

（5）如图 1-14（b）所示，左上移光标，在距离输入框输入 111，按 Tab 键，在角度框输入 130，回车，至点 E。

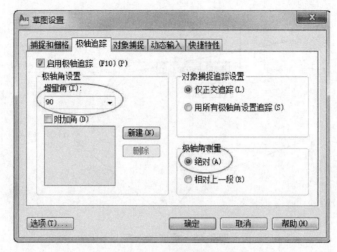

图 1-12  使用绝对极轴

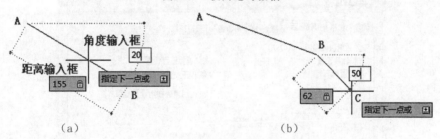

图 1-13  标注输入点 B、C

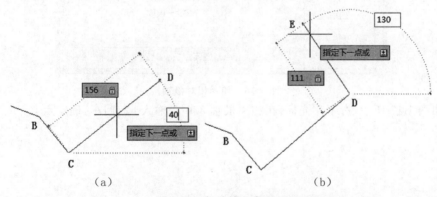

图 1-14  标注输入点 D、E

(6)如图 1-15 所示,左上移光标,在距离输入框输入 225,按 Tab 键,在角度框输入 135,回车,至点 F。

(7)输入 c,回车,闭合至点 A,完成图形。

【方法 2】  使用相对极轴,按图 1-11(b)所示标注绘图。

步骤 1  启用动态输入,并设置极轴追踪,如图 1-16 所示。

步骤 2  绘图要点如下。

(1)输入 LINE 命令,在屏幕适当位置单击作为点 A。

(2)如图 1-13(a)所示,右下移光标,在距离输入框输入 155,按 Tab 键,在角度框输入 20,回车,至点 B。

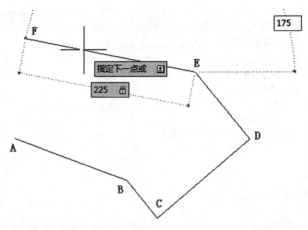

图 1-15　标注输入点 F

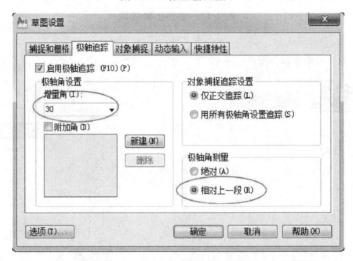

图 1-16　使用相对极轴

（3）如图 1-17 所示，右下移光标，在相关极轴 330°时输入 62，回车，确定点 C。

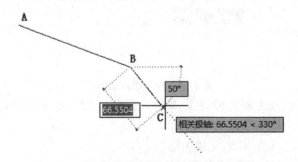

图 1-17　使用极轴追踪直接距离输入点 C

（4）如图 1-18 所示，右上移光标，在相关极轴 90°时输入 156，回车，确定点 D。

（5）如图 1-19 所示，左上移光标，在相关极轴 90°时输入 111，回车，确定点 E。

（6）如图 1-15 所示，左上移光标，在距离输入框输入 225，按 Tab 键在角度框输入 135，回车，至点 F。

（7）输入 c，回车，闭合至点 A，完成图形。

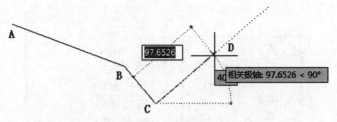

图 1-18　使用极轴直接距离输入点 D

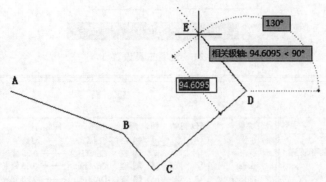

图 1-19　使用极轴追踪直接距离输入点 E

**【例 1-4】**　设置图层，绘制具有不同线型的图，如图 1-20 所示。

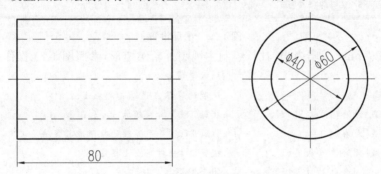

图 1-20　圆筒两视图

步骤 1　使用公制样板 acadiso.dwt 新建图形，设置绘图环境如下。

(1)设置图形界限为 120×90，并缩放至全屏显示。

(2)开启极轴追踪、对象捕捉、对象捕捉追踪，这些默认设置即为开，增加"象限点"捕捉，其他按默认设置即可，如图 1-21 所示。

(3)参考图 1-22 设置图层，在 center 图层绘制中心线，在 hidden 图层绘制虚线，在 const 图层绘制粗实线。

步骤 2　以 const 图层为当前层，绘制同心圆，操作如下。

| | |
|---|---|
| 命令：_circle | ;单击"圆心,半径",画圆 |
| 指定圆的圆心或[三点(3P)/两点(2P)/切点、切点、半径(T)]： | ;在屏幕适当位置指定圆心 |
| 指定圆的半径或[直径(D)]：30 | ;输入大圆半径 |
| 命令：　CIRCLE | ;按空格键重复画圆命令 |
| 指定圆的圆心或[三点(3P)/两点(2P)/切点、切点、半径(T)]： | ;捕捉大圆圆心作为小圆圆心 |
| 指定圆的半径或[直径(D)]＜30.0000＞：20 | ;指定小圆半径 |

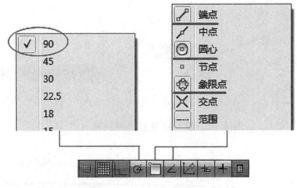

图 1-21　绘图工具设置 3

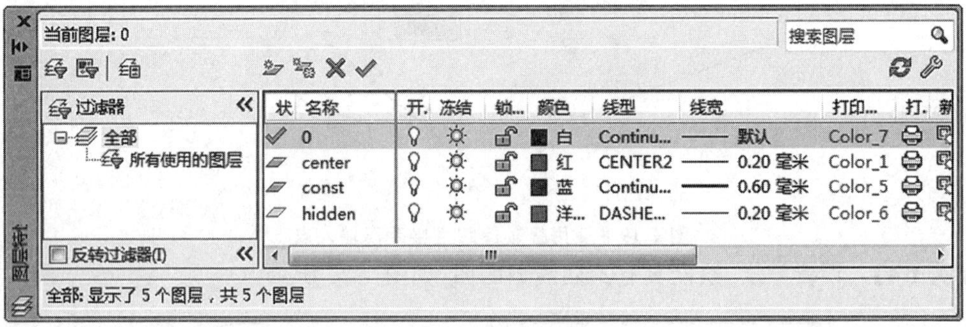

图 1-22　图层设置 1

步骤 3　以 const 图层为当前层,绘制主视图外轮廓矩形,参照图 1-23 操作如下。

命令:l　　　　　　　　　　　　　;输入直线命令

LINE 指定第一点:　　　　　　　　;从圆的象限点追踪指定点 1

指定下一点或[放弃(U)]:80　　　　;极轴 180°,输入距离 80,至点 2

指定下一点或[放弃(U)]:　　　　　;极轴 270°,并平齐圆的象限点指定点 3

指定下一点或[闭合(C)/放弃(U)]:　;极轴 0°,并对齐点 1 指定点 4

指定下一点或[闭合(C)/放弃(U)]:c　;闭合图形

步骤 4　以 hidden 图层为当前层,参照图 1-24 绘制主视图中的虚线。

步骤 5　以 center 图层为当前层,利用对象捕捉追踪和极轴追踪绘制中心线,参照图 1-25 操作如下。采用同样方法绘制圆筒轴线。

命令:l　　　　　　　　　　　　　;输入直线命令

LINE 指定第一点:　　　　　　　　;对齐圆心,追踪点 1

指定下一点或[放弃(U)]:　　　　　;极轴追踪指定点 2

指定下一点或[放弃(U)]:

命令:　LINE 指定第一点:　　　　　;对齐圆心,追踪点 3

指定下一点或[放弃(U)]:　　　　　;极轴追踪指定点 4

指定下一点或[放弃(U)]:　　　　　;回车结束

步骤 6　保存图形。

【例 1-5】　利用"捕捉自"确定点,绘制图 1-26。

步骤 1　使用公制样板(acadiso.dwt)新建图形,设置图形界限为 200×120。

命令:_limits

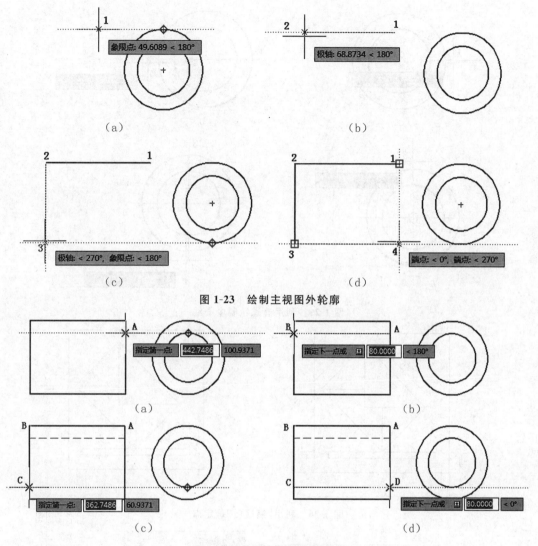

图 1-23　绘制主视图外轮廓

图 1-24　绘制主视图中的虚线

重新设置模型空间界限：

指定左下角点或[开(ON)/关(OFF)] <0.0000,0.0000>：　　;回车,接受默认值"0,0"

指定右上角点 <420.0000,297.0000>:200,120　　　　　　;输入"200,120",回车

步骤 2　双击鼠标中键,使屏幕显示图形界限大小。

步骤 3　绘图工具设置:设置"端点"、"中点"、"交点"捕捉模式;设置极轴 45°;开启"对象捕捉追踪",如图 1-27 所示。

步骤 4　用直线命令绘制 88×88 的正方形。

步骤 5　绘制 70×4 的小矩形,利用"捕捉自"功能确定点 1,操作如下。

命令:_line　　　　　;单击直线命令按钮

指定第一点:fro　　　;输入"捕捉自",命名为"fro",回车

基点:　　　　　　　;捕捉端点 A 作为基点

<偏移>:@9,9　　　　;输入点 1 对点 A 的偏移量($\Delta x=9$、$\Delta y=9$),回车,得到点 1

……　　　　　　　　;直接距离输入完成小矩形绘制

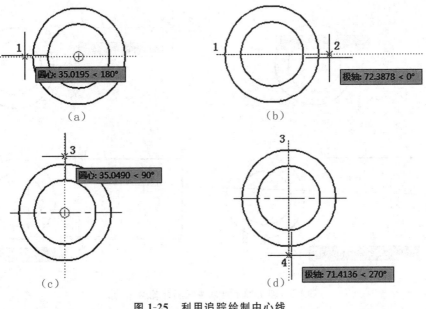

图 1-25　利用追踪绘制中心线

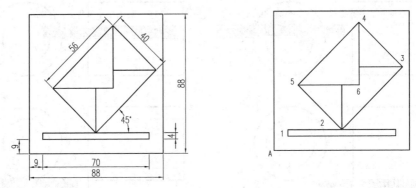

图 1-26　利用"捕捉自"确定点

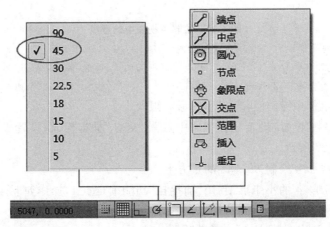

图 1-27　绘图工具设置 4

也可以作辅助线来确定点 1 的位置,如图 1-28 所示,画出 70×4 的小矩形后删除辅助线。

步骤 6　绘制信封矩形,操作如下。

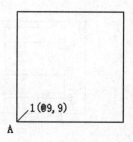 

**图 1-28　作辅助线确定点 1**

| 命令：_line 指定第一点： | ;激活直线命令,捕捉中点 2 |
|---|---|
| 指定下一点或[放弃(U)]：56 | ;在 45°极轴下直接输入 56,回车 |
| 指定下一点或[放弃(U)]：40 | ;在 135°极轴下直接输入 40,回车 |
| 指定下一点或[闭合(C)/放弃(U)]：56 | ;在 225°极轴下直接输入 56,回车 |
| 指定下一点或[闭合(C)/放弃(U)]：c | ;闭合矩形 |

步骤 7　绘制信封折合线,参照图 1-29 操作如下。

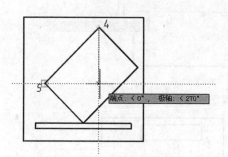 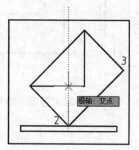 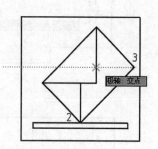

**图 1-29　利用极轴追踪、对象捕捉追踪绘制信封折合线**

| 命令：_line 指定第一点： | ;激活直线命令,捕捉端点 4 |
|---|---|
| 指定下一点或[放弃(U)]： | ;极轴向下,利用对象捕捉追踪对齐点 5,单击确定点 6 |
| 指定下一点或[放弃(U)]： | ;捕捉端点 5 |
| 指定下一点或[闭合(C)/放弃(U)]： | ;回车结束 |

……

步骤 8　保存图形。

**【例 1-6】** 利用对象捕捉追踪绘图,如图 1-30(a)所示。

要求:未注尺寸的轮廓与给定的 A,B,…,G 各点对齐,其中 B,C,E 为中点,其他为端点,参见图 1-30(b)。

步骤 1　使用公制样板新建图形,设置图形界限为 120×90。

步骤 2　绘制已知尺寸的轮廓部分。主要方法:利用极轴输入与直接距离输入方式完成,内部的矩形(20×5)需要利用"捕捉自"确定起点(参照上例)。

步骤 3　利用对象捕捉追踪确定内侧多边形的点 1~8,操作如下:

| 命令：_line 指定第一点： | ;从 A、C 追踪确定点 1,见图 1-31(a) |
|---|---|
| 指定下一点或[放弃(U)]： | ;从 B、C 追踪确定点 2,见图 1-31(b) |
| 指定下一点或[放弃(U)]： | ;从 D 追踪确定点 3,见图 1-32(a) |
| 指定下一点或[闭合(C)/放弃(U)]： | ;从 E 追踪确定点 4,见图 1-32(b) |
| 指定下一点或[闭合(C)/放弃(U)]： | ;从 F 追踪确定点 5,见图 1-33(a) |

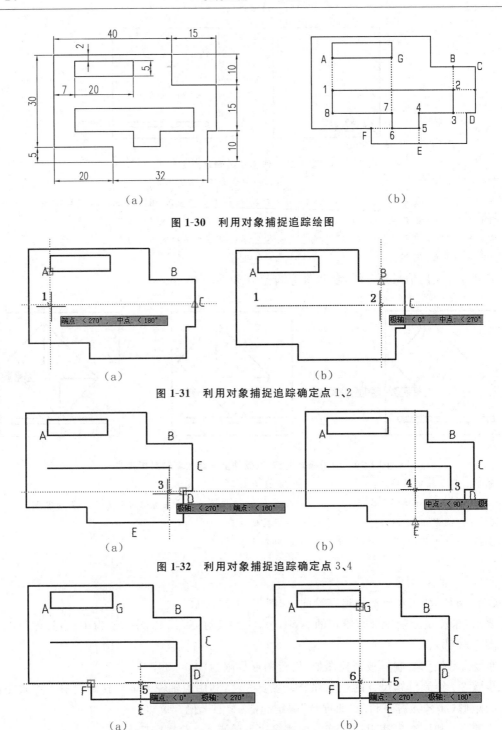

图 1-30　利用对象捕捉追踪绘图

图 1-31　利用对象捕捉追踪确定点 1、2

图 1-32　利用对象捕捉追踪确定点 3、4

图 1-33　利用对象捕捉追踪确定点 5、6

指定下一点或[闭合(C)/放弃(U)]：　　　　；从 F、G 追踪确定点 6，见图 1-33(b)

指定下一点或[闭合(C)/放弃(U)]：　　　　；从 D、G 追踪确定点 7，见图 1-34(a)

指定下一点或[闭合(C)/放弃(U)]：　　　　；从 A 追踪确定点 8，见图 1-34(b)

指定下一点或[闭合(C)/放弃(U)]：c　　　　；闭合，完成图形

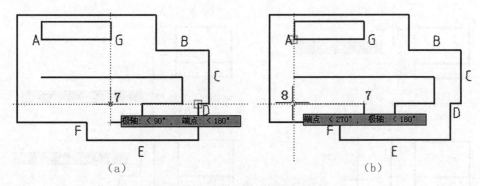

(a)　　　　　　　　　　　　　　　　(b)

**图 1-34　利用对象捕捉追踪确定点 7、8**

步骤 4　保存图形。

【**例 1-7**】　根据轴测图绘制三视图，如图 1-35 所示。

绘制三视图时，用"对象捕捉追踪"工具可以方便地实现长对正、高平齐。

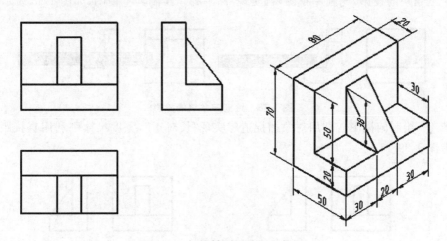

**图 1-35　根据轴测图绘制三视图**

步骤 1　使用公制样板新建文件，参考图 1-36 设置图层。

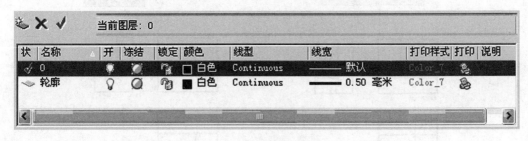

**图 1-36　图层设置 2**

步骤 2　以"轮廓"图层为当前层，绘制主视图外轮廓。

步骤 3　绘制左视图。仍以"轮廓"图层为当前层，利用对象捕捉追踪实现"高平齐"，宽度尺寸则利用直接距离输入，过程参考图 1-37。

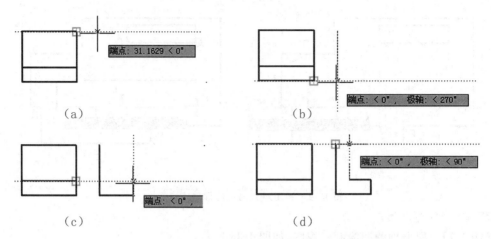

**图 1-37　利用对象捕捉追踪实现"高平齐",画左视图**

对于三角块的投影,先画左视图,再实现"高平齐",绘制其主视图,如图 1-38 所示。

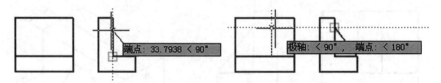

**图 1-38　绘制三角块的投影**

步骤 4　绘制俯视图。利用对象捕捉追踪实现"长对正",宽度尺寸则利用直接距离输入,过程参考图 1-39。

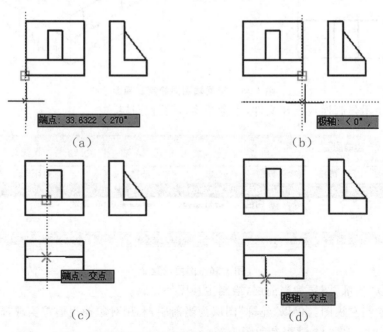

**图 1-39　利用对象捕捉追踪实现"长对正",画俯视图**

步骤 5　保存图形。

## 模块 3　自测练习

【练习 1-1】　用坐标输入绘制图 1-40 所示图形。

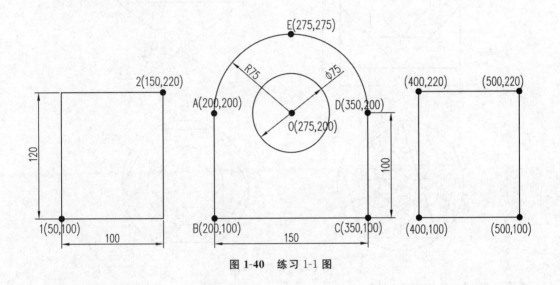

**图 1-40　练习 1-1 图**

【练习 1-2】　用直线命令绘制图 1-41 所示图形。

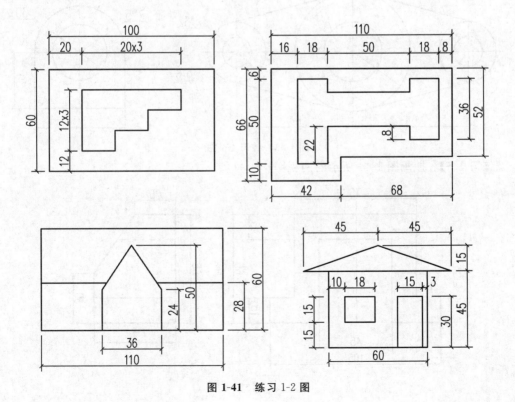

**图 1-41　练习 1-2 图**

【练习 1-3】　正确设置绘图工具，绘制图 1-42 所示图形。

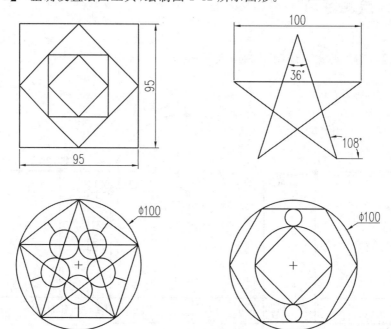

图 1-42　练习 1-3 图

【练习 1-4】　合理设置图层，绘制图 1-43 所示的平面图形。

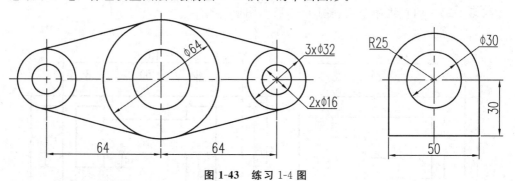

图 1-43　练习 1-4 图

【练习 1-5】　抄画图 1-44 所示的两视图。

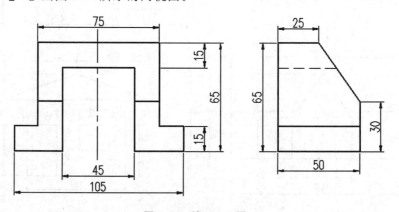

图 1-44　练习 1-5 图

**【练习 1-6】** 根据轴柱基测图绘制三视图,如图 1-45 所示。

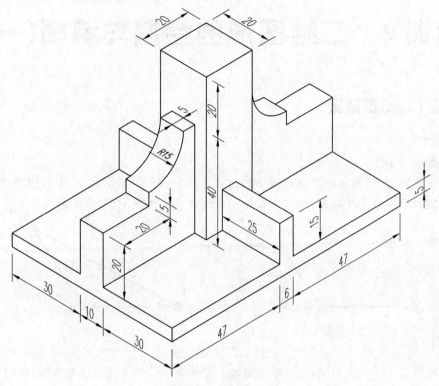

**图 1-45　练习 1-6 图**

# 实训 2  二维图形的绘制与编辑(一)

## 模块1  知识链接

**1.绘图命令**

**1)直线:LINE(L)**

指定一系列点,绘制如图 2-1(a)所示的连续直线段,回车,退出命令;可以闭合成线框,即将最后一段与第一段连接起来,如图 2-1(b)所示。闭合后无须回车,自动退出命令。

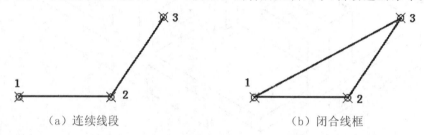

　　　　(a) 连续线段　　　　　　　　　　　　　(b) 闭合线框

**图 2-1  绘制直线**

每条线段是一个独立对象,可以单独编辑。要使连续的每条线段成为整体,使用多段线命令绘制直线段。

要精确指定直线的端点或长度及方向,使用精确绘图工具。常用的如下。

(1)输入坐标:动态输入开启时,第一点使用绝对坐标,第二点以后使用相对坐标。

(2)直接距离输入:通常配合极轴,移动鼠标,根据极轴定方向,用键盘输入定长度。

(3)对象捕捉:捕捉已有对象上的特征点,如端点、圆心等。

(4)对象捕捉追踪:可以沿着基于对象捕捉点的对齐路径进行追踪以确定点。

其他方法也可以精确创建直线。最快捷的方法是从现有的直线进行偏移,然后修剪或延伸到所需的长度。

**2)圆、圆弧:CIRCLE(C)、ARC(A)**

有多种绘制圆和圆弧的方法,圆、圆弧的绘制命令如图 2-2 所示。

常用的圆和圆弧的绘制方法分别如图 2-3、图 2-4 所示。

圆弧除了用 ARC(圆弧)命令直接绘制之外,很多时候可以使用编辑的方法得到圆弧,常用的操作是画圆之后修剪和利用圆角命令得到圆弧。

**3)矩形、正多边形:RECTANG(REC)、POLYGON(POL)**

用矩形命令可绘制长方形;用正多边形命令可绘制 3～1024 边的等边多边形。矩形、正多边形是独立对象。

常用绘制矩形(见图 2-5)的操作是,用鼠标指定一个角点,再用键盘输入“长度,宽度”。如果关闭动态输入,键盘输入长、宽尺寸前加符号@。

绘制正多边形的操作有两种:图 2-6(a)、(b)所示的为指定中心,图 2-6(c)所示的为指定边长。指定中心时,又可以绘制圆的内接或外切多边形。根据已知条件选择正确的方法。

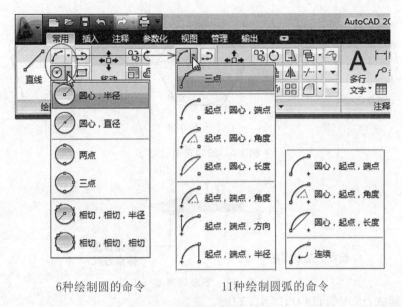

6种绘制圆的命令　　　　　11种绘制圆弧的命令

**图 2-2　圆、圆弧的绘制命令**

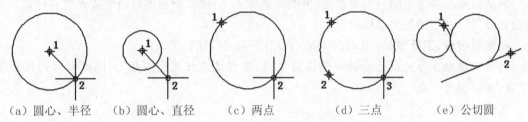

（a）圆心、半径　（b）圆心、直径　（c）两点　（d）三点　（e）公切圆

**图 2-3　常用的绘制圆的方法**

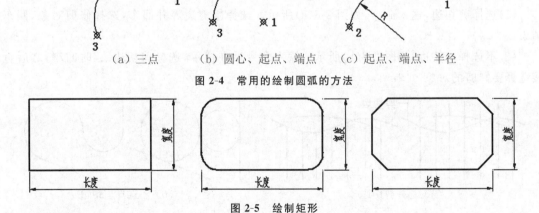

（a）三点　　（b）圆心、起点、端点　　（c）起点、端点、半径

**图 2-4　常用的绘制圆弧的方法**

**图 2-5　绘制矩形**

**4) 多段线:PLINE(PL)**

默认操作与直线绘制的相同,不同的是,多段线是作为单个对象创建的相互连接的线段序列。利用该命令,可以创建直线段、圆弧段或两者的组合线段。

多段线宽度的含义如图 2-7 所示。多段线宽度随着打印比例的变化而变化,例如,线宽为10 mm 的多段线,按 1:10 打印得到的图纸线宽为 1 mm,按 1:20 打印则图纸线宽为 0.5 mm。

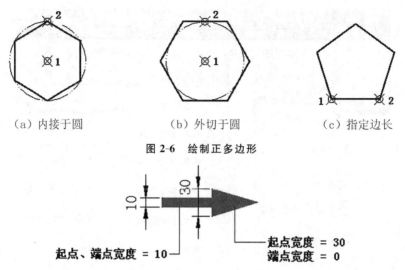

（a）内接于圆　　　　　　（b）外切于圆　　　　　　（c）指定边长

图 2-6　绘制正多边形

图 2-7　多段线宽度

**5）点、点样式：POINT（PO）、DDPTYPE**

默认的点是屏幕上的一个像素点，肉眼几乎看不见，所以绘制点时通常应设置点样式。可以通过设置"节点"捕捉到这样的点。

**6）定数等分、定距等分：DIVIDE（DIV）、MESURE（ME）**

等分对象是在等分点处绘制一个点对象（修改默认点样式后可见），同样可以通过设置"节点"来捕捉等分点。

**2.编辑命令**

**1）修剪、延伸：TRIM（TR）、EXTEND（EX）**

当线长度不能满足要求时，可以利用修剪或延伸进行编辑。修剪是很常用的编辑操作，有如下两种操作方法。

（1）选择剪切边，输入命令，如图 2-8（a）所示。选择修剪边界并回车，选择修剪对象，回车结束。

（2）不选择剪切边，如图 2-8（b）所示。输入命令后在提示"选择剪切边…"时回车，之后直接选择要修剪的对象。

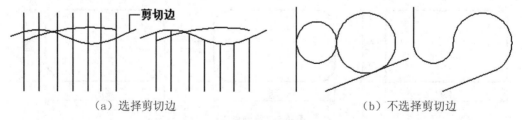

（a）选择剪切边　　　　　　　　　　　　　　（b）不选择剪切边

图 2-8　修剪

延伸的作用与修剪的相反，可以将图线延长至边界，其操作方法与修剪的类似。

注：按住 Shift 键可以使修剪和延伸功能相互切换。

**2）复制：COPY（CO）**

通常指定两点复制对象，如图 2-9 所示。指定的两个点定义了一个矢量，表明复制对象移动的距离和方向。使用对象捕捉等工具可精确指定复制对象的位置,回车结束命令。

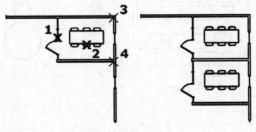

图 2-9 复制对象

**3)镜像:MIRROR(MI)**

镜像命令可以绕指定轴(镜像线)翻转对象,创建对称的镜像图形,如图 2-10 所示。

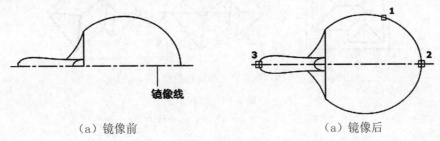

(a)镜像前    (a)镜像后

图 2-10 镜像对象

**4)偏移:OFFSET(O)**

偏移命令用于创建平行线、同心圆和平行曲线,如图 2-11、图 2-12 所示。

偏移距离
选定对象
选定的一侧
对象偏移

图 2-11 偏移操作

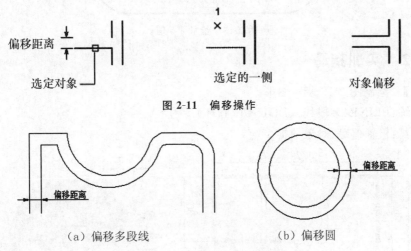

偏移距离    偏移距离

(a)偏移多段线    (b)偏移圆

图 2-12 多段线与圆的偏移

**5)阵列:ARRAY(AR)**

阵列命令用于创建矩形或环形(圆形)阵列,如图 2-13 所示。

**6)旋转、缩放:ROTATE(RO)、SCALE(SC)**

旋转命令用于绕指定基点旋转选定对象,如图 2-14 所示;缩放命令用于放大或缩小选定对象,如图 2-15 所示。

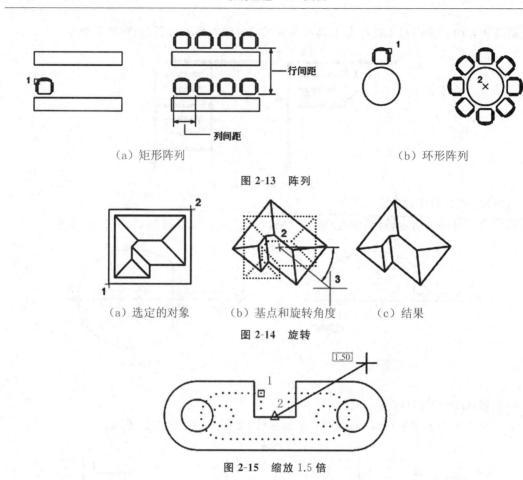

（a）矩形阵列　　　　　　　　　　　　　　（b）环形阵列

**图 2-13　阵列**

（a）选定的对象　　　（b）基点和旋转角度　　　（c）结果

**图 2-14　旋转**

**图 2-15　缩放 1.5 倍**

## 模块 2　实训指导

【**例 2-1**】　绘制图 2-16 所示图形。

命令训练：PLINE（多段线）、DOUNT（圆环）。

辅助工具：极轴追踪、对象捕捉。

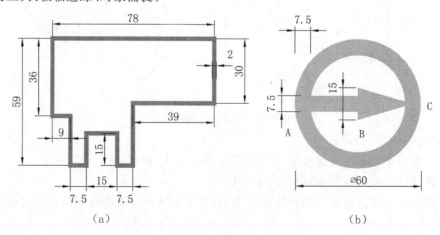

（a）　　　　　　　　　　　　　　　　　　（b）

**图 2-16　多段线作图**

步骤 1 使用公制样板新建图形,在 0 图层绘制图形。

步骤 2 利用多段线命令绘制图 2-16(a)所示的闭合线框。多段线线宽为 2,可以利用"宽度(W)"选项设置。或绘制后通过"快捷特性"修改"全局宽度"为 2,如图 2-17 所示。

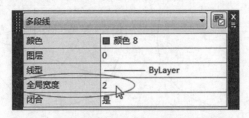

图 2-17 "快捷特性"修改多段线宽度

步骤 3 利用圆环、多段线命令绘制图 2-16(b)所示图形。

(1)设置圆环线宽为 7.5,圆环外径为 60(内径 45)。

(2)箭头用多段线命令绘制,操作如下。

命令:pl PLINE          ;输入命令

指定起点:               ;捕捉端点 A

当前线宽为 0.0000

指定下一个点或[圆弧(A)/半宽(H)/长度(L)/放弃(U)/宽度(W)]:w ;设置线宽

指定起点宽度 <0.0000>:7.5

指定端点宽度 <7.5000>:         ;设置起点、端点线宽为 7.5

指定下一个点或[圆弧(A)/半宽(H)/长度(L)/放弃(U)/宽度(W)]: ;捕捉圆心 B

指定下一点或[圆弧(A)/闭合(C)/半宽(H)/长度(L)/放弃(U)/宽度(W)]:w

指定起点宽度 <7.5000>:15

指定端点宽度 <15.0000>:0        ;设置箭头线宽为 15 至 0

指定下一点或[圆弧(A)/闭合(C)/半宽(H)/长度(L)/放弃(U)/宽度(W)];捕捉端点 C

指定下一点或[圆弧(A)/闭合(C)/半宽(H)/长度(L)/放弃(U)/宽度(W)]: ;回车结束

【例 2-2】 使用两种方法绘制五角星,设外接圆直径为 300。

命令训练:LINE(直线)、CIRCLE(圆)、DDPTYPE(点样式)、DIVIDE(定数等分)。

辅助工具:对象捕捉。

**方法 1** 利用圆周五等分绘制五角星。

步骤 1 使用公制样板新建图形,绘制 R150 圆。

步骤 2 如图 2-18 所示,选择任一种可见样式即可。

图 2-18 设置点样式

步骤 3　等分圆周,设置"节点"捕捉,用直线命令绘制五角星,如图 2-19 所示。

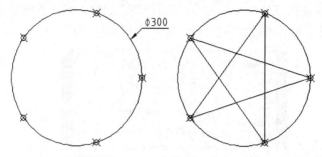

（a）五等分圆周　　　（b）设置"节点"捕捉,绘制五角星

**图 2-19　绘制五角星**

步骤 4　删除节点,修剪五角星,如图 2-20 所示。

命令:tr TRIM　　　　　　　　　　　　　　　　;输入修剪命令

当前设置:投影＝UCS,边＝无

选择剪切边…

选择对象或＜全部选择＞:　　　　　　　　　;回车,不选择剪切边

选择要修剪的对象,或按住 Shift 键选择要延伸的对象,或

[栏选(F)/窗交(C)/投影(P)/边(E)/删除(R)/放弃(U)]:　;单击选择 1

……　　　　　　　　　　　　　　　　　　　　;继续选择 2、3、4、5

选择要修剪的对象,或按住 Shift 键选择要延伸的对象,或

[栏选(F)/窗交(C)/投影(P)/边(E)/删除(R)/放弃(U)]:　;回车结束

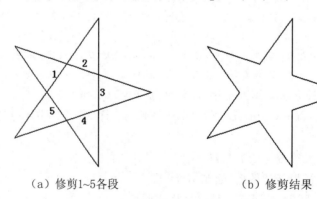

（a）修剪 1~5 各段　　　　　　　　（b）修剪结果

**图 2-20　修剪五角星**

步骤 5　旋转五角星,使一个角向正上方,参照图 2-21 操作如下。

命令:ROTATE　　　　　　　　　　　;输入旋转命令

UCS 当前的正角方向: ANGDIR＝逆时针　ANGBASE＝0

选择对象:指定对角点:找到 10 个　　;选择五角星

选择对象:

指定基点:　　　　　　　　　　　　　;捕捉圆心 A

指定旋转角度,或[复制(C)/参照(R)]＜0＞:　r　;选择"参照(R)"选项

指定参照角 ＜0＞:　指定第二点:　　;单击 A、B 两点,该方向为参照方向

指定新角度或[点(P)]＜0＞:　　　　;单击 C 点,AC 为最终方向(垂直方向)

删除辅助圆,得到正五角星。

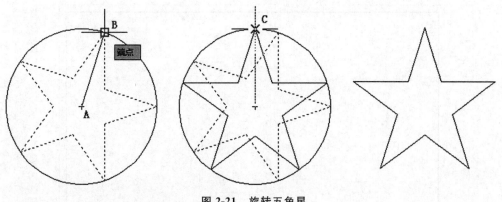

**图 2-21　旋转五角星**

**方法 2**　利用正五边形命令绘制五角星。

**步骤 1**　绘制 R150 圆的内接五边形,如图 2-22(a)所示。

命令:pol POLYGON　　　　　　　　　　　　　　;输入正多边形命令

输入边的数目 <4>:5　　　　　　　　　　　　　;输入边数 5

指定正多边形的中心点或[边(E)]:　　　　　　　;指定中心点

输入选项[内接于圆(I)/外切于圆(C)]<I>:　　　;回车

定圆的半径:150　　　　　　　　　　　　　　　　;输入半径 150

**步骤 2**　设置"端点"捕捉,用直线命令绘制五角星,如图 2-22(b)所示。

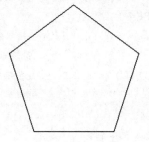　　　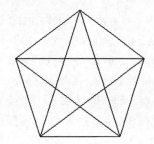

　　　(a)正五边形　　　　　(b)设置"端点"捕捉,绘制五角星

**图 2-22　绘制五角星**

**步骤 3**　删除五边形,修剪五角星。

【**例 2-3**】　绘制 A4 图框,如图 2-23 所示。

命令训练:LINE(直线)、RECTANG(矩形)、PLINE(多段线)、OFFSET(偏移)。

辅助工具:极轴追踪、对象捕捉、对象捕捉追踪。

**步骤 1**　使用公制样板新建图形。

**步骤 2**　双击鼠标中键,屏幕显示为 A3 幅面大小。

**步骤 3**　绘制图框。先绘制图幅线,使用矩形命令在 0 图层绘制,图框左下角置于原点,以绝对坐标确定顶点位置,命令操作如下。

命令:rec RECTANG　　　　　　　　　　　　　　　　　　　　　;输入矩形命令

指定第一个角点或[倒角(C)/标高(E)/圆角(F)/厚度(T)/宽度(W)]:0,0　　;输入原点为左下角点

指定另一个角点或[尺寸(D)]:297,210　　　　　　　　　　　　　;输入右上角坐标

再偏移图框线,操作如下。

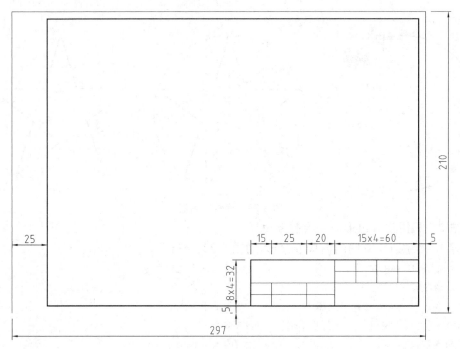

图 2-23  A4 图框

命令：o OFFSET                                                              ;输入偏移命令

当前设置：删除源＝否    图层＝源   OFFSETGAPTYPE＝0

指定偏移距离或[通过(T)/删除(E)/图层(L)]＜通过＞： 5                        ;输入偏移距离

选择要偏移的对象,或[退出(E)/放弃(U)]＜退出＞：                             ;选择以上矩形

指定要偏移的那一侧上的点,或[退出(E)/多个(M)/放弃(U)]＜退出＞：             ;在矩形内侧单击一点

选择要偏移的对象,或[退出(E)/放弃(U)]＜退出＞：                             ;回车退出

**步骤 4**  拉伸图框线(装订边为 25),参照图 2-24。

命令：s STRETCH                          ;输入拉伸命令

以交叉窗口或交叉多边形选择要拉伸的对象

选择对象：指定对角点：找到 2 个              ;交叉选择对象

选择对象：

指定基点或[位移(D)]＜位移＞：                ;指定拉伸基点 1

指定第二个点或 ＜使用第一个点作为位移＞： 20 ;右移光标,极轴 0°时输入 20

**步骤 5**  用多段线命令绘制标题栏外框线。参照图 2-25 操作如下。

命令：pl PLINE                                                              ;输入多段线命令

指定起点：32                                                               ;从点 1 向上追踪 32 至点 2
                                                                           (注意不要单击 1 点)

当前线宽为 0.0000

指定下一个点或[圆弧(A)/半宽(H)/长度(L)/放弃(U)/宽度(W)]：120               ;左移光标,在极轴 180°下
                                                                           ;输入直接距离 120 至点 3

指定下一点或[圆弧(A)/闭合(C)/半宽(H)/长度(L)/放弃(U)/宽度(W)]：             ;下移光标,极轴交点捕捉点 4

指定下一点或[圆弧(A)/闭合(C)/半宽(H)/长度(L)/放弃(U)/宽度(W)]：             ;回车结束

**步骤 6**  设置标题栏内分栏线。

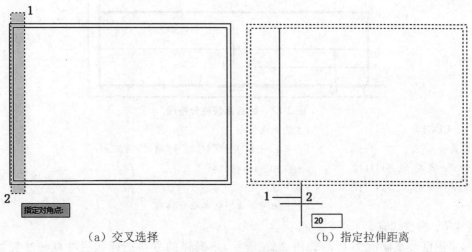

（a）交叉选择　　　　　　　　　（b）指定拉伸距离

**图 2-24　拉伸图框线**

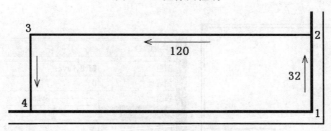

**图 2-25　绘制标题栏外框线**

（1）绘制直线 56 和 78，如图 2-26 所示，命令操作如下。

| 命令：_line | ;输入直线命令 |
| 指定第一点： | ;"中点"捕捉点 5 |
| 指定下一点或[放弃(U)]： | ;光标右移，捕捉极轴交点 6 |
| 指定下一点或[放弃(U)]： | ;回车结束 |
| 命令：LINE | ;重复直线命令 |
| 指定第一点： | ;"中点"捕捉点 7 |
| 指定下一点或[放弃(U)]： | ;光标下移，捕捉极轴交点 8 |
| 指定下一点或[放弃(U)]： | ;回车结束 |

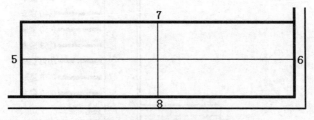

**图 2-26　绘制标题栏分栏线**

（2）绘制直线 ab 和 cd 等，如图 2-27 所示，命令操作序列如下。

| 命令：_line | ;输入直线命令 |
| 指定第一点： | ;从点 5 向右"延伸"15("延伸"捕捉)捕捉点 a |
| 指定下一点或[放弃(U)]： | ;光标下移，捕捉极轴交点 b |
| 指定下一点或[放弃(U)]： | ;回车结束 |

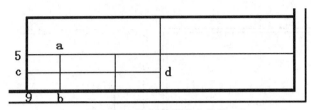

**图 2-27　绘制标题栏分格线**

命令：LINE　　　　　　　　　　　　；重复直线命令

指定第一点：　　　　　　　　　　　；从点 9 向上"延伸"8（"延伸"捕捉）捕捉点 c

指定下一点或［放弃(U)］：　　　　　；光标右移，捕捉极轴交点 d

指定下一点或［放弃(U)］：　　　　　；回车结束

……　　　　　　　　　　　　　　　；采用相同方法绘制其他分格线

步骤 7　修改线宽。

(1)将图框线宽修改为 0.7，如图 2-28 所示，用同样的方法把标题栏外框线线宽修改为 0.5。

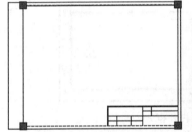 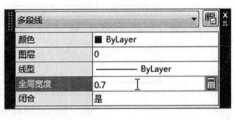

**图 2-28　利用"快捷特性"修改多段线线宽**

(2)选择分格线，单击"特性"面板"ByLayer"下拉列表框，选择线宽"0.2 毫米"，如图 2-29 所示。

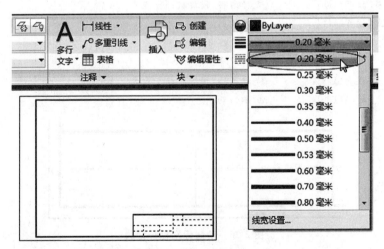

**图 2-29　修改直线宽度**

步骤 8　双击鼠标中键使图形最大化显示，保存为图形文件 A4.dwg。

【例 2-4】　绘制图 2-30 所示的圆弧组成的图形。

命令训练：LINE(直线)、ARC(圆弧)。

80°
35
R50
45
150°
R35
R45
35
R25

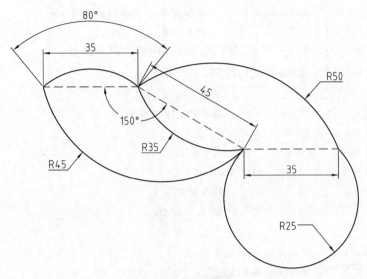

图 2-30　绘制圆弧

辅助工具:极轴追踪、对象捕捉。

步骤 1　使用公制样板新建图形。

步骤 2　双击鼠标中键,屏幕显示为 A3 幅面大小。

步骤 3　参考图 2-31 新建图层,在 const 图层绘制轮廓线,在 hidden 图层绘制虚线。

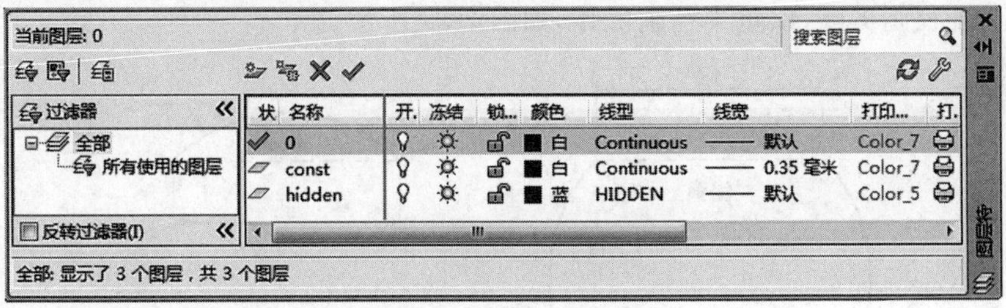

当前图层: 0
搜索图层
过滤器
全部
所有使用的图层
反转过滤器(I)
状 名称 开. 冻结 锁... 颜色 线型 线宽 打印... 打.
0 白 Continuous 默认 Color_7
const 白 Continuous 0.35 毫米 Color_7
hidden 蓝 HIDDEN 默认 Color_5
全部: 显示了 3 个图层，共 3 个图层

图 2-31　图层设置 3

步骤 4　设置 hidden 图层为当前层,设置 30°极轴,参考图 2-32 所示尺寸绘制图中 3 条辅助虚线。

35
1
2
45
150°
3
4
35

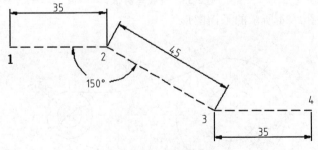

图 2-32　作辅助线

命令:_line 指定第一点:　　;适当位置单击,指定点 1

指定下一点或[放弃(U)]: 35　　;极轴 0°下,采用直接距离输入至点 2

指定下一点或[放弃(U)]: 45　　;极轴 330°下,采用直接距离输入至点 3

指定下一点或[闭合(C)/放弃(U)]：35　　　　;极轴 0°下,采用直接距离输入至点 4

指定下一点或[闭合(C)/放弃(U)]：　　　　　;回车结束

　　步骤 5　设置 const 图层为当前图层,在 const 图层绘制各圆弧。

　　步骤 6　设置"起点,端点,角度",绘制 80°圆弧。

命令：_arc　　　　　　　　　　　　　;单击 ⌒ 输入命令

指定圆弧的起点或[圆心(C)]：　　　　　;捕捉点 2,参照图 2-32

指定圆弧的第二个点或[圆心(C)/端点(E)]：_e

指定圆弧的端点：　　　　　　　　　　;捕捉点 1

指定圆弧的圆心或[角度(A)/方向(D)/半径(R)]：_a

指定包含角：80　　　　　　　　　　;输入圆心角

　　步骤 7　设置"起点,端点,半径",绘制 R50 圆弧。

命令：_arc　　　　　　　　　　　　　;单击 ⌒ 输入命令

指定圆弧的起点或[圆心(C)]：　　　　;捕捉点 4

指定圆弧的第二个点或[圆心(C)/端点(E)]：_e

指定圆弧的端点：　　　　　　　　　　;捕捉点 2

指定圆弧的圆心或[角度(A)/方向(D)/半径(R)]：_r

指定圆弧的半径：50　　　　　　　　;输入半径;

同样方法绘制 R25、R35、R45 圆弧,但要注意以下两个问题。

(1)圆弧以逆时针方向从起点绘制圆弧至端点。

(2)以正半径画劣弧,以负半径画优弧,如图 2-33 所示。

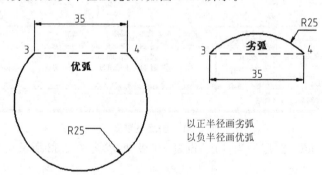

**图 2-33　优弧与劣弧**

【例 2-5】　绘制图 2-34 所示的平面图形。

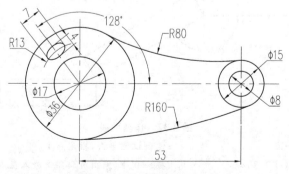

**图 2-34　圆弧连接平面图形**

命令训练:LINE(直线)、CIRCLE(圆)、ELLIPSE(椭圆)、OFFSET(偏移)、ROTATE(旋转)、TRIM(修剪)等。

辅助工具:极轴追踪、对象捕捉、对象捕捉追踪。

步骤 1　新建文件,双击鼠标中键使屏幕显示默认绘图界限。

步骤 2　参考图 2-35 设置图层。

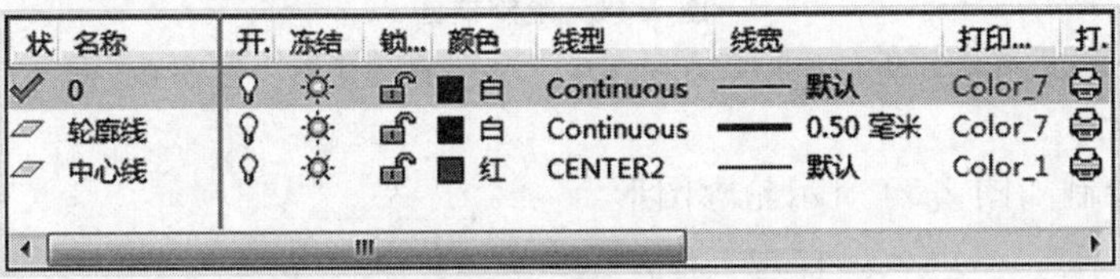

| 状 | 名称 | 开. | 冻结 | 锁... | 颜色 | 线型 | 线宽 | 打印... | 打. |
|---|---|---|---|---|---|---|---|---|---|
| ✓ | 0 | ♀ | ☼ | 🔓 | ■ 白 | Continuous | —— 默认 | Color_7 | 🖶 |
| ⊘ | 轮廓线 | ♀ | ☼ | 🔓 | ■ 白 | Continuous | —— 0.50 毫米 | Color_7 | 🖶 |
| ⊘ | 中心线 | ♀ | ☼ | 🔓 | ■ 红 | CENTER2 | —— 默认 | Color_1 | 🖶 |

图 2-35　图层设置 4

步骤 3　以"中心线"图层为当前层绘制中心线。先以直线命令绘制一条水平线和一条垂直线,如图 2-36(a)所示;再偏移另一条中心线,偏移操作如下,结果如图 2-36(b)所示。

(a)绘制点画线　　　　　　　　　　　(b)偏移点画线

图 2-36　绘制中心线

命令:o OFFSET　　　　　　　　　　　　　　　　　　　　　　;输入偏移命令

当前设置:删除源=否　图层=源　OFFSETGAPTYPE=0

指定偏移距离或[通过(T)/删除(E)/图层(L)]<通过>:　53　　　;输入偏移距离 53

选择要偏移的对象,或[退出(E)/放弃(U)]<退出>:　　　　　　;选择直线 1

指定要偏移的那一侧上的点,或[退出(E)/多个(M)/放弃(U)]<退出>:;在 2 处单击

选择要偏移的对象,或[退出(E)/放弃(U)]<退出>:　　　　　　;回车结束

步骤 4　以"轮廓线"图层为当前层绘制同心圆,如图 2-37(a)所示;R80 圆弧用 FILLET(圆角)命令创建圆角,R160 圆弧则由绘制公切圆之后修剪而得。结果如图 2-37(b)所示。

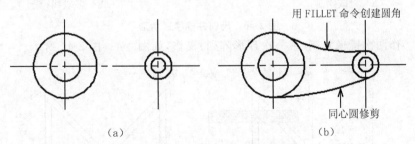

用 FILLET 命令创建圆角

同心圆修剪

(a)　　　　　　　　　　　　　　　　　(b)

图 2-37　绘制同心圆和公切弧

步骤 5　以"轮廓线"图层为当前层绘制椭圆,先按图 2-38(a)所示绘制水平椭圆;再以同心圆圆心为旋转中心,将椭圆旋转 38°,如图 2-38(b)所示。添加椭圆中心线,将线型比例因子调整为 0.5,操作如下。结果如图 2-38(c)所示。

命令:lts

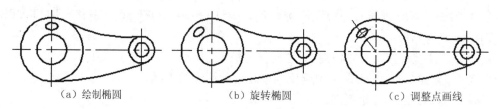

(a) 绘制椭圆　　　　　　　(b) 旋转椭圆　　　　　　　(c) 调整点画线

图 2-38　绘制椭圆

LTSCALE 输入新线型比例因子 ＜1.0000＞：0.5　　　　　；设置线型比例因子为 0.5

正在重生成模型。

【例 2-6】　绘制如图 2-39 所示轮廓图形。

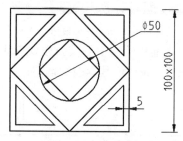

图 2-39　镜像编辑图形

命令训练：LINE(直线)、PLINE(多段线)、OFFSET(偏移)、MIRROR(镜像)、ARRAY
(阵列)。

辅助工具：极轴追踪、对象捕捉、对象捕捉追踪。

步骤 1　使用公制样板新建图形，双击中键使屏幕按默认图形界限(即 A3 图幅)显示。

步骤 2　绘制并偏移三角形，如图 2-40 所示。如果用 LINE(直线)命令绘制，偏移后需要
修剪；如果用 PLINE(多段线)绘制三角形，再偏移，就不用修剪。

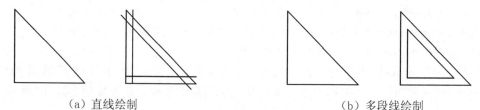

(a) 直线绘制　　　　　　　　　　　　　　(b) 多段线绘制

图 2-40　绘制并偏移三角形

步骤 3　作两次镜像复制(或一次环形阵列)操作，如图 2-41、图 2-42 所示。

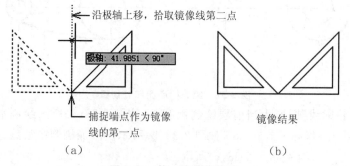

图 2-41　第一次镜像操作

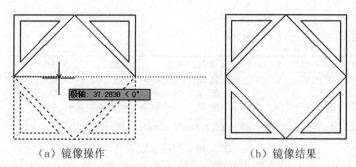

（a）镜像操作　　　　　　　　　　　（b）镜像结果

**图 2-42　第二次镜像操作**

步骤 4　绘制圆,利用对象捕捉追踪确定圆心,如图 2-43 所示。

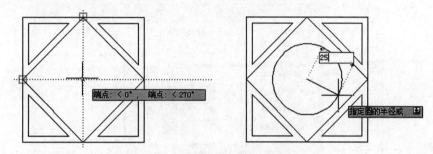

**图 2-43　利用对象捕捉追踪确定圆心**

步骤 5　绘制圆的内接正四边形(略)。

【例 2-7】　绘制如图 2-44 所示楼梯立面。

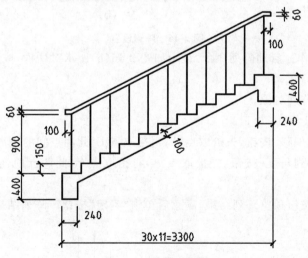

**图 2-44　楼梯立面图**

命令训练:LINE(直线)、COPY(复制)、OFFSET(偏移)、ARRAY(阵列)。

辅助工具:极轴追踪、对象捕捉。

步骤 1　使用公制样板新建图形,设置图形界限为 6000×5000。

命令:limits　　　　　　　　　　　　　　　　　　;输入图形界限命令

重新设置模型空间界限:

指定左下角点或[开(ON)/关(OFF)]<0.0000,0.0000>:;左下角为原点(0,0)

指定右上角点 <420.0000,297.0000>:6000,5000　　;右上角点(6000,5000)

命令：＿.zoom _e　　　　　　　　　　　　　　　　　；双击鼠标中键

步骤 2　创建图层，如图 2-45 所示。

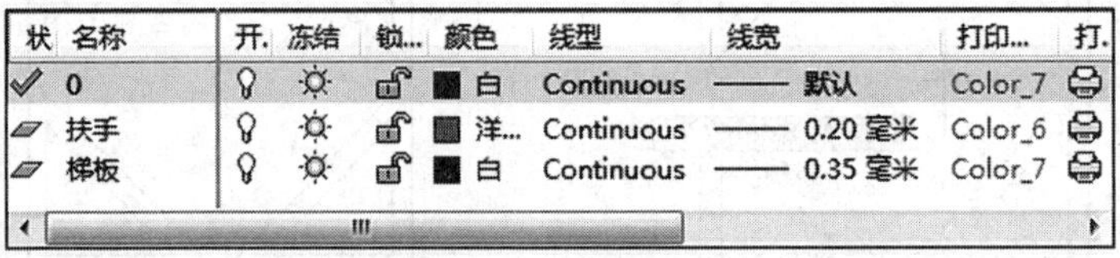

| 状 | 名称 | 开. | 冻结 | 锁... | 颜色 | 线型 | 线宽 | 打印... | 打. |
|---|---|---|---|---|---|---|---|---|---|
| ✔ | 0 | ♀ | ☼ | 🔓 | ■ 白 | Continuous | —— 默认 | Color_7 | 🖶 |
| ✎ | 扶手 | ♀ | ☼ | 🔓 | ■ 洋... | Continuous | —— 0.20 毫米 | Color_6 | 🖶 |
| ✎ | 梯板 | ♀ | ☼ | 🔓 | ■ 白 | Continuous | —— 0.35 毫米 | Color_7 | 🖶 |

**图 2-45　图层设置 5**

步骤 3　在"梯板"图层先绘制 1 级踏步，踏步宽 300，踏步高 150；在"扶手"图层绘制一条栏杆线，如图 2-46(a)所示。

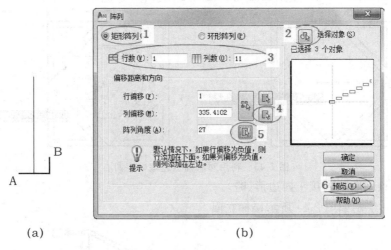

(a)　　　　　　　　　　　　　　(b)

**图 2-46　阵列设置**

步骤 4　阵列操作。启动阵列命令，显示如图 2-46(b)所示对话框，按如下操作。

(1)选择"矩形阵列"。

(2)选择踏步为阵列对象。

(3)输入行数为 1，列数为 11。

(4)单击"拾取列偏移"按钮，先拾取点 A，再拾取点 B，此两点间的距离为列偏移。

(5)单击"拾取阵列角度"按钮，先拾取点 A，再拾取点 B，此两点的连线方向为阵列方向（角度）。

(6)单击"预览"按钮预览阵列结果，满意后单击"确定"按钮。阵列结果如图 2-47 所示。

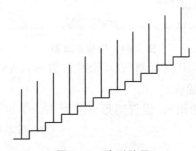

**图 2-47　阵列结果**

步骤 5　绘制梯梁、梯段板。根据梯梁尺寸（240×400），利用"极轴"，采用直接距离输入绘制其断面,如图 2-48(a)所示。连接直线 CD,偏移,得到梯板(板厚 100),如图 2-48(b)所示。

图 2-48　绘制梯梁、梯板

步骤 6　编辑梯梁、梯段板。使用 FILLET(圆角)命令编辑梯板,参照图 2-49(a)操作如下:

命令:_fillet　　　　　　　　　　　　　　　　　;单击 ▱ 输入圆角命令

当前设置:模式 = 修剪,半径 = 0.0000　　　　　;确认半径 R=0

选择第一个对象或[放弃(U)/多段线(P)/半径(R)/修剪(T)/多个(M)]:;拾取直线 1

选择第二个对象,或按住 Shift 键选择要应用角点的对象:　;拾取直线 2

命令:　FILLET　　　　　　　　　　　　　　　;重复圆角命令

当前设置:模式 = 修剪,半径 = 0.0000　　　　　;确认半径 R=0

选择第一个对象或[放弃(U)/多段线(P)/半径(R)/修剪(T)/多个(M)]:;拾取直线 1

选择第二个对象,或按住 Shift 键选择要应用角点的对象:　;拾取直线 3

操作结果如图 2-49(b)所示。

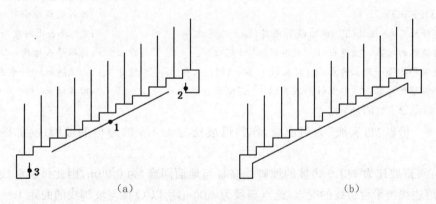

图 2-49　编辑梯板

步骤 7　绘制扶手。用多段线命令绘制,偏移后端部封口,如图 2-50 所示。

【例 2-8】　用斜坡引道连接平台与地面,高程及边坡如图 2-51(a)所示,求作坡脚线及坡面交线,并画示坡线,结果如图 2-51(b)所示。

命令训练:LINE(直线)、TRIM(修剪)、COPY(复制)。

辅助工具:极轴追踪、对象捕捉。

步骤 1　打开"例 2-8.dwg"文件,显示图形如图 2-51(a)所示。

步骤 2　以"粗实线"为当前层,作平台坡比为 1:2 的边坡的坡脚线。

已知平台边线高程为 4.00m,坡脚线高程为 0.00m。根据两等高线的间距等于高程与平

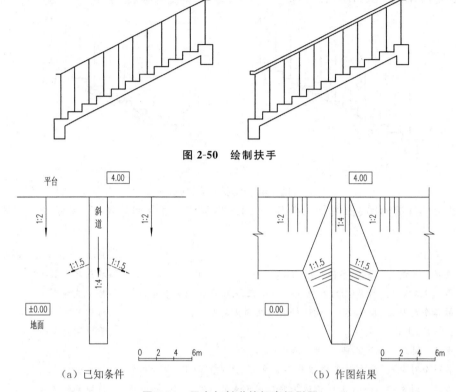

图 2-50　绘制扶手

（a）已知条件　　　　　　　　　　　　（b）作图结果

图 2-51　平台与斜道的标高投影图

距的乘积，即 L＝（4－0）×2m＝8m，将比例尺延伸至 8m，利用偏移作坡脚线，操作如下。

| 命令：OFFSET | ;输入偏移命令 |
| 指定偏移距离或[通过(T)/删除(E)/图层(L)]＜通过＞： | ;鼠标单击比例尺 0m、8m 端点 |
| 选择要偏移的对象，或[退出(E)/放弃(U)]＜退出＞： | ;选择平台边线 |
| 指定要偏移的那一侧上的点，或[退出(E)/多个(M)/放弃(U)]＜退出＞： | ;在坡脚线一侧单击 |
| 选择要偏移的对象，或[退出(E)/放弃(U)]＜退出＞： | ;回车结束 |

结果如图 2-52（a）所示。

步骤 3　仍以"粗实线"为当前层，作斜道坡比为 1∶1.5 的边坡的坡脚线，如图 2-52（b）所示。

分析：斜道坡比为 1∶1.5 边坡的坡脚线高程与地面同高，为 0.00m，因此该坡脚线过 A 点；O 点是斜道边线与平台边线的交点，此点高程为 4.00m，所以 O 点与坡脚线的间距 L＝（4－0）×1.5m＝6m。由此作图过程如下。

| 命令：CIRCLE 指定圆的圆心或[三点(3P)/两点(2P)/切点、切点、半径(T)]： | |
| 指定圆的半径或[直径(D)]： | ;以 O 点为圆心，按比例尺以 0m 至 6m 的间距为半径画辅助圆 |
| 命令：LINE 指定第一点： | ;从 A 点开始画辅助圆的切线，即为坡脚线 |
| 指定下一点或[放弃(U)]： | |
| 指定下一点或[放弃(U)]： | |

作图结果如图 2-52（b）所示。

步骤 4　删除辅助圆、修剪坡脚线，如图 2-53（a）所示；在"粗实线"图层作坡面交线，如图 2-53（b）所示。

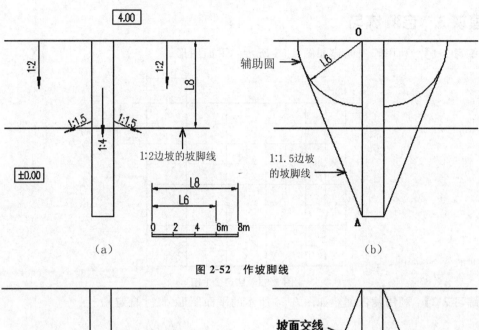

（a）                                              （b）

**图 2-52  作坡脚线**

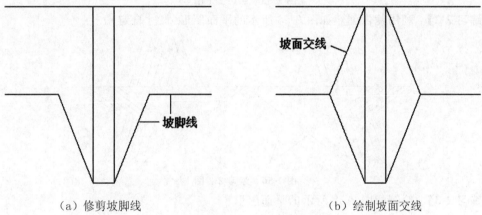

（a）修剪坡脚线                                  （b）绘制坡面交线

**图 2-53  作坡面交线**

步骤 5  以"细实线"为当前层,参照图 2-54 画示坡线、折断线,完成图形。

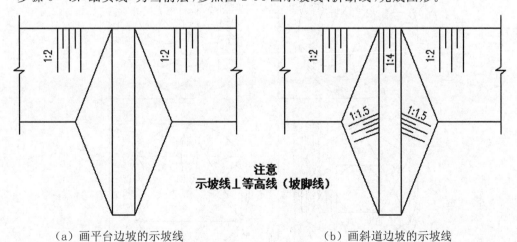

（a）画平台边坡的示坡线                          （b）画斜道边坡的示坡线

**图 2-54  画示坡线**

## 模块 3　自测练习

【练习 2-1】　利用阵列创建如图 2-55 所示的平面图形。

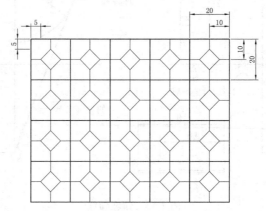

**图 2-55　练习 2-1 图**

【练习 2-2】　利用镜像创建如图 2-56 所示的平面图形（尺寸自定）。

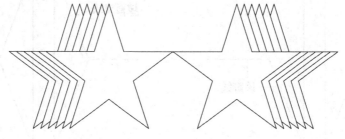

**图 2-56　练习 2-2 图**

【练习 2-3】　绘制如图 2-57 所示的平面图形。

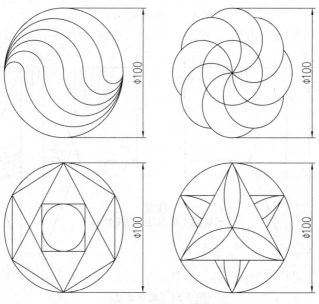

**图 2-57　练习 2-3 图**

【**练习 2-4**】　绘制如图 2-58 所示的平面图形。

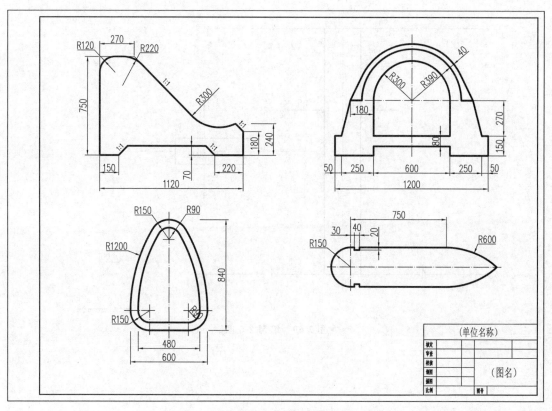

**图 2-58**　练习 2-4 图

【**练习 2-5**】　如图 2-59 所示,根据两视图补画第三视图。

**图 2-59**　练习 2-5 图

【**练习 2-6**】 已知地面高程为 4.00m,两堤堤顶高程及边坡坡度如图 2-60 所示,作两堤的坡脚线及各坡面交线和示坡线。

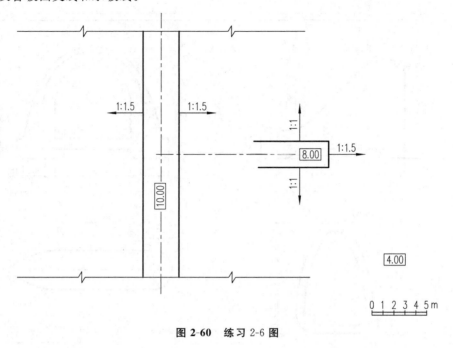

图 2-60 练习 2-6 图

# 实训 3 二维图形的绘制与编辑(二)

## 模块 1 知识链接

### 1.绘图命令

**1)椭圆:ELIPPSE(EL)**

两种绘制椭圆方法:先指定圆心,再指定轴端点和另一半轴长,如图 3-1(a)所示;指定轴两端点和另一半轴长,如图 3-1(b)所示。

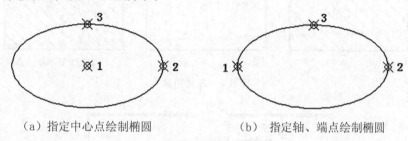

(a) 指定中心点绘制椭圆　　　(b) 指定轴、端点绘制椭圆

**图 3-1　椭圆画法**

**2)样条曲线:SPLINE(SPL)**

两种操作:依次指定点,3 次回车,不指定切向,如图 3-2(a)所示;依次指定点,第一次回车后指定起点和端点切向,如图 3-2(b)所示。指定切向的操作如图 3-3 所示。

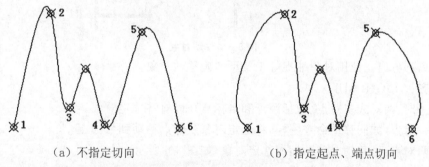

(a) 不指定切向　　　　　　　(b) 指定起点、端点切向

**图 3-2　样条曲线画法**

**3)多线:MLINE(ML)**

该命令默认绘制双线,若要绘制 2 条以上的多线,则需设置多线样式。

**4)图案填充:BHATCH(H)**

工程图常用的混凝土、钢筋混凝土符号如图 3-4 所示。图案符号的疏密通过比例修改,比例越大,图案越稀,反之越密。

### 2.编辑命令

**1)移动:MOVE(M)**

通常指定两点移动对象,如图 3-5 所示。指定的两个点定义了一个矢量,表明选定对象将

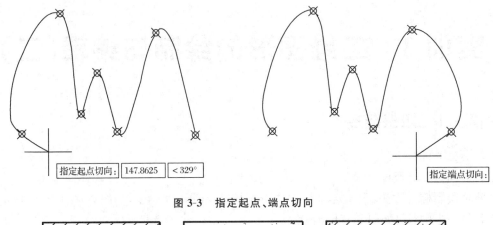

图 3-3　指定起点、端点切向

（a）ANSI31　　　　　　　（b）AR-CONC　　　　　（c）ANSI31+AR-CONC

图 3-4　填充图案

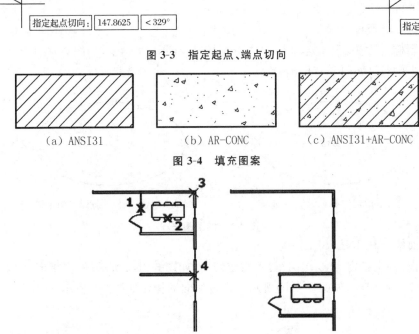

图 3-5　移动对象

移动的距离和方向。使用对象捕捉等工具可精确移动对象。

2）对齐：ALIGN（AL）

指定一对、两对或三对点（包括源点和目标点），以对齐选定对象。

使用一对点：如同移动命令一样，将选定对象从源点移动到目标点。

使用两对点：可移动、旋转、缩放选定对象，如图 3-6 所示。

使用三对点：在三维空间操作。

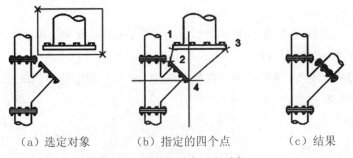

（a）选定对象　　　　（b）指定的四个点　　　　（c）结果

图 3-6　使用两对点对齐对象

**3)拉伸:STRETCH(S)**

操作时明确两点:首先是要求用交叉窗口选择拉伸对象;其次是窗口内的端点随拉伸而移动,窗口外的端点不动。操作如图 3-7 所示。

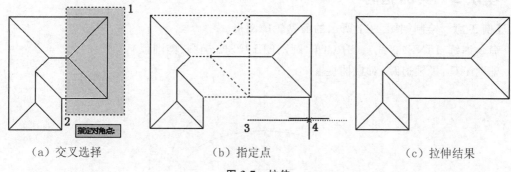

　　（a）交叉选择　　　　　　　（b）指定点　　　　　　　（c）拉伸结果

**图 3-7　拉伸**

**4)打断、合并:BREAK(BR)、JOIN(J)**

打断命令用于将对象在两个指定点之间的部分删除,如图 3-8 所示。如果第二个点不在对象上,则可选择对象上与该点最接近的点。因此,要打断直线、圆弧或多段线的一端,可以在要删除的一端附近指定第二个打断点。要于一点打断对象,选择第二点与第一点重合,输入@指定第二点即表示与第一点相同。

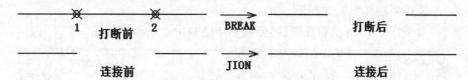

**图 3-8　打断与合并**

合并命令用于合并相似的对象以形成一个完整的对象,例如,直线、圆弧。被合并的直线应在同一直线上,被合并的圆弧必须在同一圆上。

**5)圆角、倒角:FILLET(F)、CHAMFER(CHA)**

圆角命令使用与对象相切并且具有指定半径的圆弧连接两个对象。特殊情况下,R0 圆角、两直线的连接结果为"尖角"连接两直线,如图 3-9 所示。

　　（a）圆角前　　　　（b）有半径的圆角　　　　（c）R0 圆角

**图 3-9　两直线间圆角**

倒角命令使用呈角的直线连接两个对象,如图 3-10 所示。

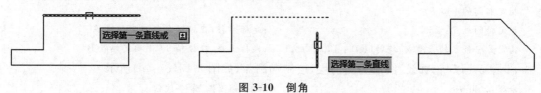

**图 3-10　倒角**

6)分解：EXPLODE(X)

分解命令将复合对象分解为其组件对象,可以分解的对象有块、多段线、多行文字等。

## 模块 2　　实训指导

【例 3-1】　绘制如图 3-11 所示的面盆轮廓图形。

命令训练：LINE(直线)、CIRCLE(圆)、ELLIPSE(椭圆、椭圆弧)。

辅助工具：极轴追踪、对象捕捉。

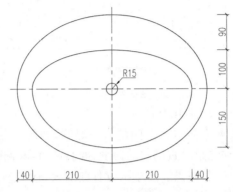

图 3-11　面盆轮廓

步骤 1　使用公制样板新建图形。

步骤 2　参考图 3-12 所示新建图层,分别用于绘制中心线和轮廓线。

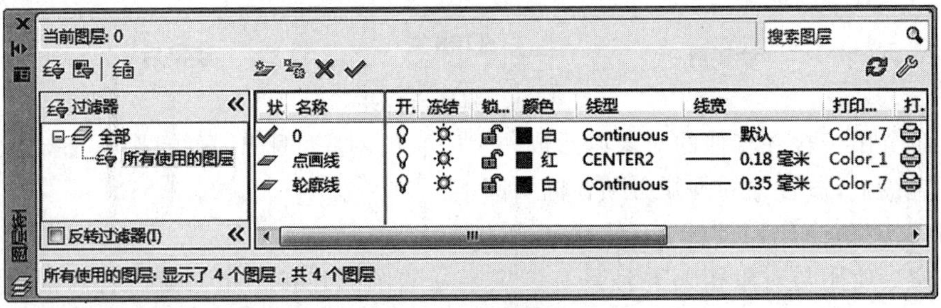

图 3-12　图层设置 6

步骤 3　设"点画线"图层为当前层,绘制中心线,如图 3-13(a)所示。

步骤 4　以"轮廓线"图层为当前层,绘制圆和椭圆,如图 3-13(b)所示。

命令：_circle　　　　　　　　　　　　　　;先绘制 R15 圆

指定圆的圆心或[三点(3P)/两点(2P)/相切、相切、半径(T)]：

指定圆的半径或[直径(D)]：15

命令：_ellipse　　　　　　　　　　　　　　;输入椭圆命令

指定椭圆的轴端点或[圆弧(A)/中心点(C)]：_c　;捕捉中心点

指定椭圆的中心点：

指定轴的端点：250　　　　　　　　　　　;光标右移,在极轴 0°下确定端点 A

指定另一条半轴长度或[旋转(R)]：190　　　;光标上移,在极轴 90°下确定端点 B

步骤 5　以"轮廓线"图层为当前层,绘制椭圆弧,如图 3-13(c)、(d)所示。

命令：_ellipse　　　　　　　　　　　　　　;单击"椭圆弧"命令按钮

指定椭圆的轴端点或[圆弧(A)/中心点(C)]：_a

指定椭圆弧的轴端点或[中心点(C)]：c　　　；选择"中心点(C)"

指定椭圆弧的中心点：　　　　　　　　　　；捕捉 R15 圆心作为椭圆中心

指定轴的端点：210　　　　　　　　　　　　；光标右移，在极轴 0°下确定端点 C

指定另一条半轴长度或[旋转(R)]：100　　；光标上移，在极轴 90°下确定端点 D

指定起始角度或[参数(P)]：0　　　　　　　；输入椭圆弧起始角 0°

指定终止角度或[参数(P)/包含角度(I)]：180　；输入椭圆弧终止角 180°

……　　　　　　　　　　　　　　　　　　；绘制另一椭圆弧

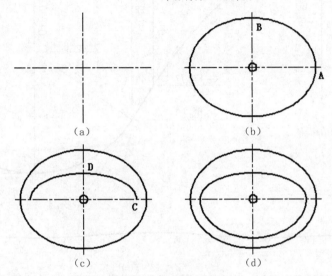

(a)　　　　　　　　　　(b)

(c)　　　　　　　　　　(d)

**图 3-13　面盆绘制步骤**

步骤 6　调整点画线显示比例。

命令：lts　　　　　　　　　　　　　　　；输入设置线型比例命令

LTSCALE 输入新线型比例因子 <1.0000>：2　；输入比例因子，数值越大，点画线越稀

正在重生成模型。

也可以通过"线型管理器"设置线型比例因子，如图 3-14 所示。

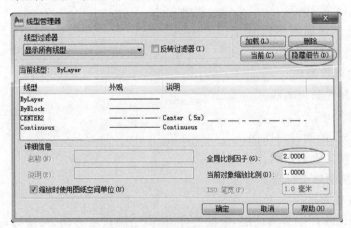

**图 3-14　控制线型比例因子**

【**例 3-2**】　绘制如图 3-15 所示溢流坝的剖面图。

命令训练：LINE(直线)、CIRCLE(圆)、SPLINE(样条曲线)、OFFSET(偏移)、TRIM(修

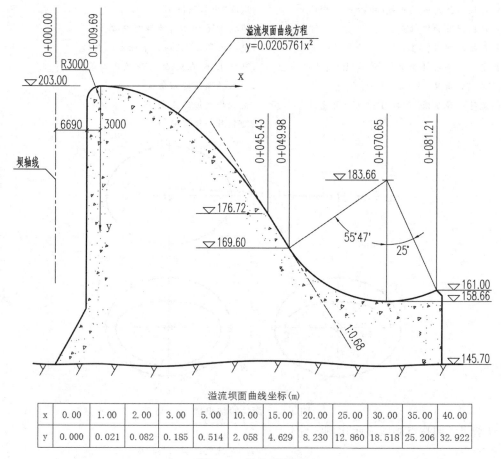

溢流坝面曲线坐标(m)

| x | 0.00 | 1.00 | 2.00 | 3.00 | 5.00 | 10.00 | 15.00 | 20.00 | 25.00 | 30.00 | 35.00 | 40.00 |
|---|---|---|---|---|---|---|---|---|---|---|---|---|
| y | 0.000 | 0.021 | 0.082 | 0.185 | 0.514 | 2.058 | 4.629 | 8.230 | 12.860 | 18.518 | 25.206 | 32.922 |

图 3-15　溢流坝剖面

剪）。

辅助工具:极轴追踪、对象捕捉。

步骤 1　使用公制样板(acadiso.dwt)新建文件。

步骤 2　创建图层如图 3-16 所示。

各图层的用途如下。

(1)center:绘制点画线。

(2)const:绘制轮廓粗实线。

(3)dim:标注尺寸。

(4)hatch:填充、绘制材料图例。

(5)other:绘制其他细实线。

(6)point:绘制曲线坐标点。

(7)text:标注文字。

步骤 3　以 other 图层为当前层,根据桩号、标高绘制长度方向、高度方向的定位线,如图 3-17 所示。

注意单位:桩号、标高单位为米(m);绘图单位为毫米(mm)。

| 状 | 名称 | 开. | 冻结 | 锁... | 颜色 | 线型 | 线宽 | 打印... | 打. |
|---|---|---|---|---|---|---|---|---|---|
| ✔ | 0 | 💡 | ☼ | 🔓 | ■ 白 | Continuous | —— 默认 | Color_7 | 🖨 |
| ✍ | center | 💡 | ☼ | 🔓 | ■ 红 | CENTER2 | —— 默认 | Color_1 | 🖨 |
| ✍ | const | 💡 | ☼ | 🔓 | ■ 白 | Continuous | —— 0.50 毫米 | Color_7 | 🖨 |
| ✍ | dim | 💡 | ☼ | 🔓 | ■ 蓝 | Continuous | —— 默认 | Color_5 | 🖨 |
| ✍ | hatch | 💡 | ☼ | 🔓 | ■ 8 | Continuous | —— 默认 | Color_8 | 🖨 |
| ✍ | other | 💡 | ☼ | 🔓 | ■ 洋... | Continuous | —— 默认 | Color_6 | 🖨 |
| ✍ | point | 💡 | ☼ | 🔓 | ■ 红 | Continuous | —— 默认 | Color_1 | 🖨 |
| ✍ | text | 💡 | ☼ | 🔓 | ■ 洋... | Continuous | —— 默认 | Color_6 | 🖨 |

图 3-16   图层设置 7

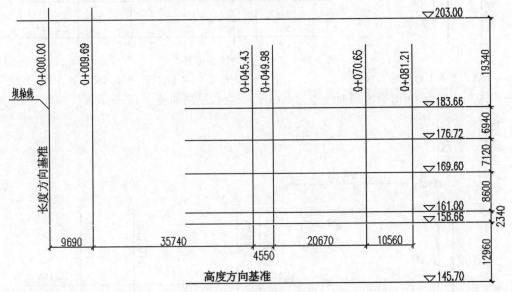

图 3-17   绘制定位线

步骤 4   在 other 图层绘制坝面曲线的坐标系 xy,并设置 UCS 与此坐标系一致,结果如图 3-18 所示。

(1)用多段线命令绘制坐标轴箭头,命令操作序列如下。

命令:pl PLINE

指定起点:

当前线宽为 0.0000

指定下一个点或[圆弧(A)/半宽(H)/长度(L)/放弃(U)/宽度(W)]:

指定下一点或[圆弧(A)/闭合(C)/半宽(H)/长度(L)/放弃(U)/宽度(W)]:w        ;设定箭头宽度

指定起点宽度 <0.0000>:500

指定端点宽度 <500.0000>:0

指定下一点或[圆弧(A)/闭合(C)/半宽(H)/长度(L)/放弃(U)/宽度(W)]:        ;指定箭头长度

……

(2)设置 UCS,命令操作序列如下。

命令:ucs                                ;输入 UCS 命令

指定 UCS 的原点或[面(F)/命名(NA)/对象(OB)/上一个(P)/

视图(V)/世界(W)/X/Y/Z/Z 轴(ZA)]<世界>;指定 UCS 原点

指定 X 轴上的点或 <接受>:                ;右移光标,极轴 0°,单击确定 x 轴方向

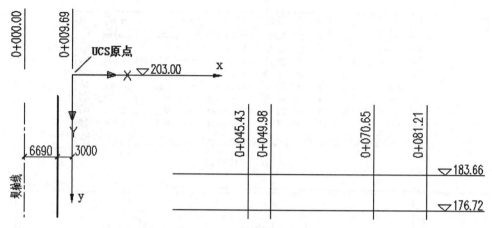

图 3-18  定位坝面曲线坐标系

指定 XY 平面上的点或 ＜接受＞：                      ；下移光标，极轴 270°，单击确定 y 轴方向

步骤 5   在 point 图层绘制曲线坐标点(1~12 点)，结果如图 3-19 所示。

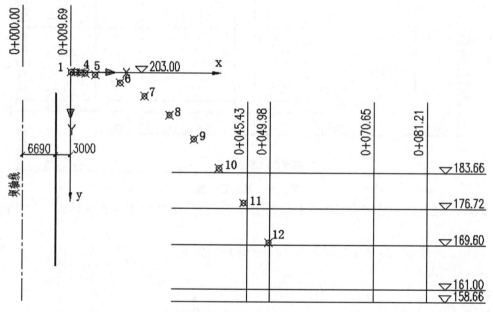

图 3-19  绘制曲线坐标点

步骤 6   在 const 图层绘制挑流弧 R25000 及 1∶0.68 切线 T-B，结果如图 3-20 所示。

圆弧可以绘制圆后修剪，切线为 T、B 连线。切点 T 是 R25000 与高程 169.60 的交点，端点 B 是高程 176.72 与桩号 0+045.43 的交点。

步骤 7   绘制溢流曲线。在 const 图层绘制样条曲线，起点切向为 180°方向，端点切向为 B-T 方向，结果如图 3-21 所示。

注意：样条曲线从起点 1 开始，经点 2、3……11，至端点 B，不包含点 12。操作如下。

命令：spl

SPLINE

指定第一个点或[对象(O)]：                          ；捕捉点 1

指定下一点：                                     ；捕捉点 2

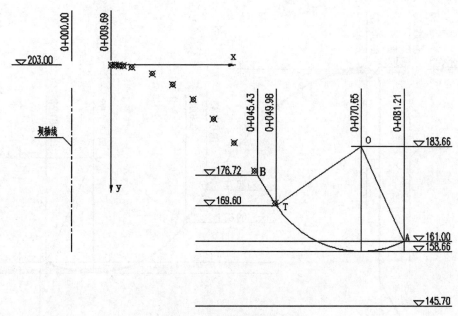

图 3-20 绘制挑流弧与切线

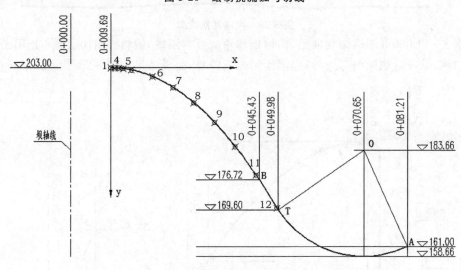

图 3-21 绘制溢流曲线

指定下一点或[闭合(C)/拟合公差(F)]＜起点切向＞: ;捕捉点 3

……

指定下一点或[闭合(C)/拟合公差(F)]＜起点切向＞: ;捕捉点 11

指定下一点或[闭合(C)/拟合公差(F)]＜起点切向＞: ;捕捉点 B

指定下一点或[闭合(C)/拟合公差(F)]＜起点切向＞: ;回车,结束点输入

指定起点切向: ;左移光标 180°,单击,定起点切向

指定端点切向: ;捕捉点 T,定端点切向

步骤 8 在 const 图层绘制其他轮廓线,坝底部岩石基面轮廓用样条曲线大致绘制,完成结果如图 3-22 所示。

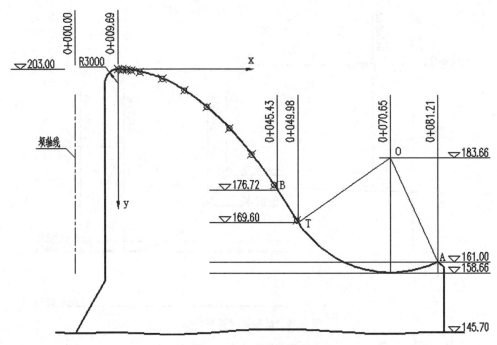

图 3-22　完成其他轮廓

步骤 9　以 hatch 图层为当前层,向内偏移轮廓适当距离,编辑成封闭区域,使用图层混凝土材料图例,填充后删除内部边界;底部绘制岩石符号,完成结果如图 3-23 所示。

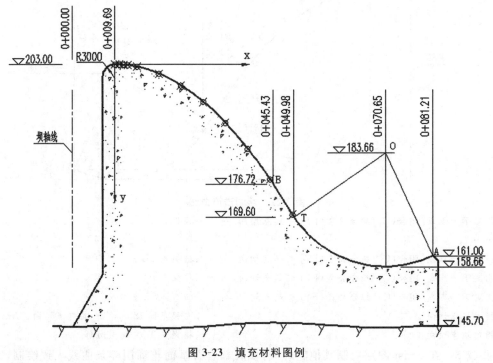

图 3-23　填充材料图例

步骤 10　关闭 point 图层,标注尺寸、文字等(这部分内容可在学习文字、尺寸相关内容之后再来完成,此处略),完成全图。

【例 3-3】    用多线命令绘制如图 3-24 所示的平面图并填充地面。

命令训练:MLINE(多线)、MLSTYLE(多线样式)、LINE(直线)、ARC(圆弧)、RECTANG(矩形)、OFFSET(偏移)、MLEDIT(编辑多线)。

辅助工具:极轴追踪、对象捕捉。

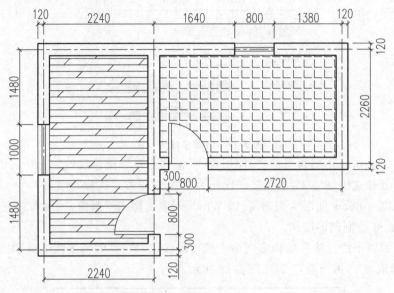

图 3-24    平面图

步骤 1    使用公制样板(acadiso.dwt)新建文件。

步骤 2    参照图 3-25 创建各图层。

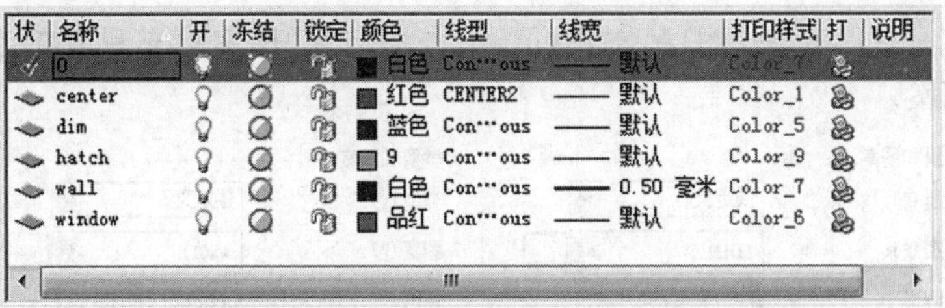

| 状 | 名称 | 开 | 冻结 | 锁定 | 颜色 | 线型 | 线宽 | | 打印样式 | 打 | 说明 |
|---|---|---|---|---|---|---|---|---|---|---|---|
| ✔ | 0 | ☀ | ○ | 🔒 | ■ 白色 | Con***ous | —— 默认 | | Color_7 | 🖨 | |
| ➤ | center | ☀ | ○ | 🔒 | ■ 红色 | CENTER2 | —— 默认 | | Color_1 | 🖨 | |
| ➤ | dim | ☀ | ○ | 🔒 | ■ 蓝色 | Con***ous | —— 默认 | | Color_5 | 🖨 | |
| ➤ | hatch | ☀ | ○ | 🔒 | ■ 9 | Con***ous | —— 默认 | | Color_9 | 🖨 | |
| ➤ | wall | ☀ | ○ | 🔒 | ■ 白色 | Con***ous | —— 0.50 毫米 | Color_7 | 🖨 | |
| ➤ | window | ☀ | ○ | 🔒 | ■ 品红 | Con***ous | —— 默认 | | Color_6 | 🖨 | |

图 3-25    图层设置 8

步骤 3    修改 Standard 默认样式。输入 MLSTYLE 命令,显示"多线样式"对话框,单击"修改"按钮,选择"直线"封口,如图 3-26 所示。

图 3-26    多线"封口"设置

步骤 4    新建 window 样式。单击"新建"按钮,输入多线样式名"window",按图 3-27 添加多线元素。

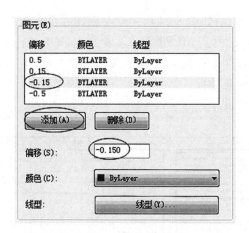

图 3-27　设置多线为 4 线

步骤 5　以 center 图层为当前层,使用直线、偏移命令完成轴线绘制;以 wall 图层为当前层,以 Standard 样式绘制墙体,设置多线比例为 240,对正方式选择"无"。

步骤 6　以 window 图层为当前层,以 Window 多线样式绘制窗,比例和对正方式同上;使用矩形、圆弧命令绘制门的图例。

步骤 7　编辑多线。输入编辑多线命令或双击多线,显示"编辑多线工具"对话框,选择"T 形打开",先拾取点 1,再拾取点 2,如图 3-28 所示。

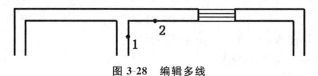

图 3-28　编辑多线

步骤 8　填充。以 hatch 图层为当前层,单击 ▦ 启动"图案填充和渐变色"对话框,按图 3-29选择填充图案。

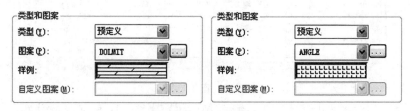

图 3-29　填充图案

【例 3-4】　绘制如图 3-30 所示的柱基础半剖视图。

命令训练:LINE(直线)、HATCH(图案填充)、MIRROR(镜像)、OFFSET(偏移)、TRIM(修剪)等。

辅助工具:极轴追踪、对象捕捉、对象捕捉追踪。

步骤 1　使用公制样板(acadiso.dwt)新建文件。

步骤 2　参照图 3-31 创建各图层。

步骤 3　以"轴线"图层为当前层,绘制一条垂直点画线;以"轮廓"图层为当前层,绘制基础底面轮廓长 1300 的直线;偏移其他各直线,如图 3-32(a)所示。

步骤 4　使用直线命令绘制 1—2,3—4—2,如图 3-32(b)所示。

步骤 5　修剪完成,如图 3-32(c)所示。

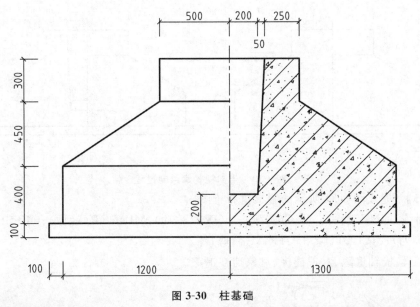

图 3-30　柱基础

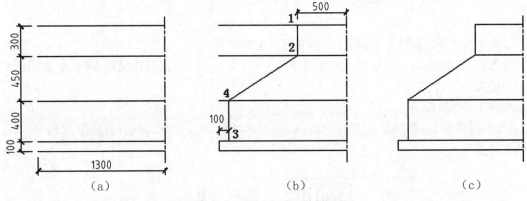

图 3-31　图层设置 9

图 3-32　基础半视图绘制过程

步骤 6　镜像,得到半剖视轮廓,如图 3-33(a)所示。

步骤 7　绘制"杯口"轮廓,使用精确工具绘制直线 5—6—7,如图 3-33(b)所示。

步骤 8　以"填充"为当前层填充材料图例,混凝土图案用 AR-CONC,钢筋用 ANSI31,基础下层垫层用 AR-CONC。ANSI31 图案比例设为 1,AR-CONC 图案比例设为 30。

步骤 9　调整线型比例为 5。

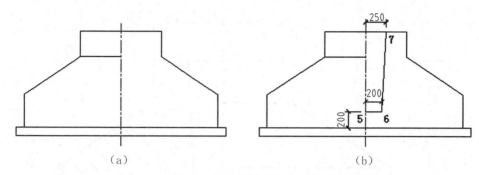

（a）　　　　　　　　　　　　　　　　　（b）

**图 3-33　半剖视轮廓绘制过程**

【**例 3-5**】　完成图 3-34 所示的餐桌椅布置图。

命令训练：LINE（直线）、ARC（圆弧）、MOVE（移动）、MIRROR（镜像）、OFFSET（偏移）、ARRAY（阵列）、FILLET（圆角）、TRIM（修剪）等。

辅助工具：极轴追踪、对象捕捉、对象捕捉追踪。

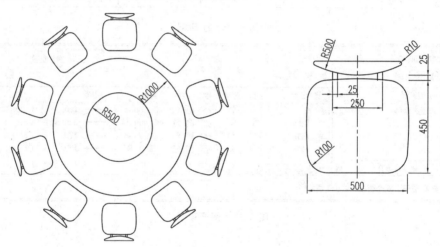

**图 3-34　餐桌椅布置图**

步骤 1　使用公制样板新建文件，在 0 图层绘制图形。

步骤 2　绘制桌面。绘制两个半径为 R500 和 R1000 的同心，双击鼠标中键，缩放视图窗口至合适大小。

步骤 3　绘制椅子。

（1）参照图 3-35，绘制直线 12，以"起点，端点，半径"绘制 R500 圆弧，再绘制圆角 R10，完成椅靠背图形。

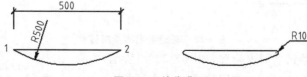

**图 3-35　椅靠背**

（2）绘制圆角 R100 的矩形（尺寸为 500×450），参照图 3-36，利用对象捕捉追踪移动靠背至准确位置。

（3）根据尺寸绘制两条竖线，镜像复制另外两条。

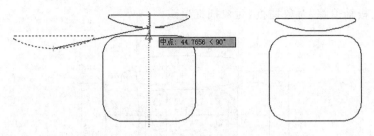

图 3-36 准确定位椅靠背

步骤 4 布置椅子。先移动椅子至桌面正上方适当位置,如图 3-37 所示;再单击 🔳 打开 "阵列"对话框,如图 3-38 所示。

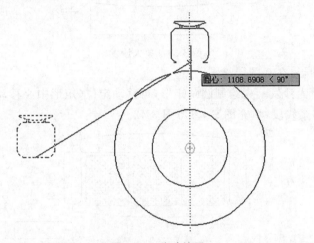

图 3-37 移动椅子

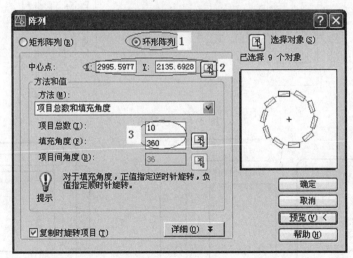

图 3-38 环形阵列

【例 3-6】 先绘制单人沙发,尺寸如图 3-39 所示,并由此编辑得到双人沙发和三人沙发,完成如图 3-40 所示的沙发组。

命令训练:RECTANG(矩形)、HATCH(填充)、MOVE(移动)、ROTATE(旋转)、COPY (复制)、MIRROR(镜像)、FILLET(圆角)、TRIM(修剪)、STRETCH(拉伸)等。

辅助工具:极轴追踪、对象捕捉、对象捕捉追踪。

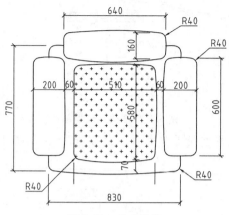

图 3-39    单人沙发

步骤 1    新建图形,在 0 图层绘图。

步骤 2    绘制单人沙发。先绘制圆角矩形,再移动定位(矩形中心移动至对应边的中点),参考图 3-41;修剪多余线段,填充图案,参考图 3-42。

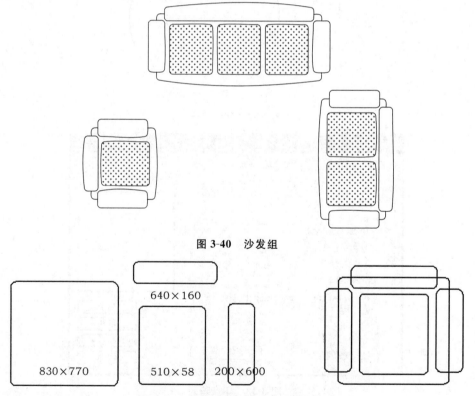

图 3-40    沙发组

图 3-41    先绘制圆角矩形,再移动定位

步骤 3    拉伸编辑。使用拉伸(STRETCH)命令将单人沙发编辑成双人和三人沙发(见图 3-43),参照命令行操作过程如下:

命令:_stretch                                              ;单击 ⬛,输入命令

以交叉窗口或交叉多边形选择要拉伸的对象…

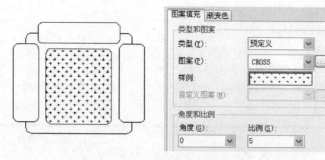

**图 3-42　填充坐垫图案**

选择对象：指定对角点：找到 4 个　　　　　　　　　；先单击 1，再单击 2，交叉框选拉伸对象

选择对象：　　　　　　　　　　　　　　　　　　　；回车，结束选择

指定基点或[位移(D)]＜位移＞：　　　　　　　　；在适当位置拾取基点

指定第二个点或＜使用第一个点作为位移＞：　570　；在极轴 0°下直接输入拉伸距离

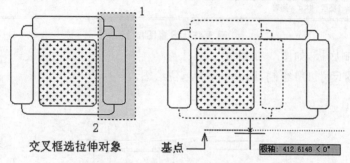

**图 3-43　偏移、修剪编辑图形**

拉伸后复制坐垫，完成双人沙发。采用同样的操作可编辑完成三人沙发。

步骤 4　利用旋转、移动命令或夹点编辑将单人、双人、三人沙发布置成图 3-40 所示的图形。

【例 3-7】　根据八字翼墙的轴测图(见图 3-44)绘制三视图。尺寸单位：厘米(cm)。

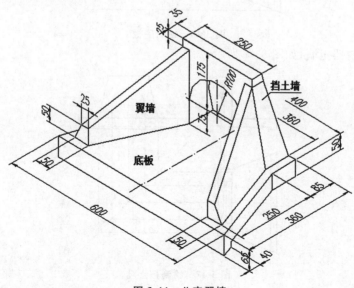

**图 3-44　八字翼墙**

步骤 1　新建文件，设置图形界限如下。

命令：limits

重新设置模型空间界限：

指定左下角点或[开(ON)/关(OFF)]<0.0000,0.0000>：

指定右上角点 <1600.0000,1400.0000>：1600,1400　　　　　　;设置图形界限为 1600×1400

步骤 2　参照图 3-45 创建图层。

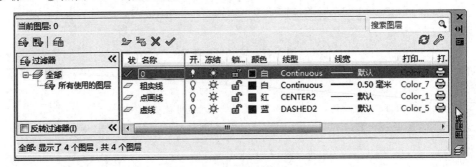

图 3-45　设置图层 10

步骤 3　绘制底板，如图 3-46 所示。

注：按轴测图尺寸 1:1 绘制，即以 cm 为单位绘图。

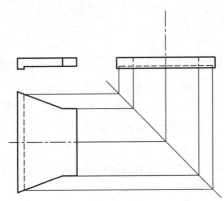

图 3-46　绘制底板

步骤 4　绘制挡土墙，如图 3-47 所示。

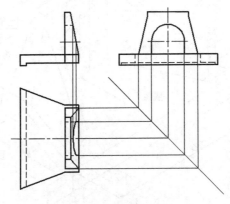

图 3-47　绘制挡土墙

步骤5　绘制翼墙,将挡土墙被遮挡轮廓修改为虚线,如图 3-48 所示。

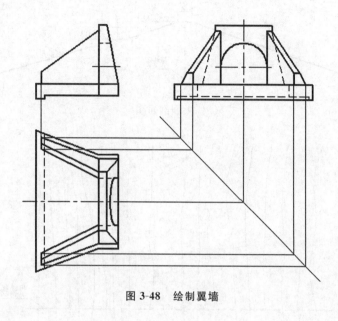

**图 3-48　绘制翼墙**

步骤6　(学习文字、尺寸内容之后再完成此步)创建尺寸层、设置文字样式、标注样式、标注尺寸,如图 3-49 所示。

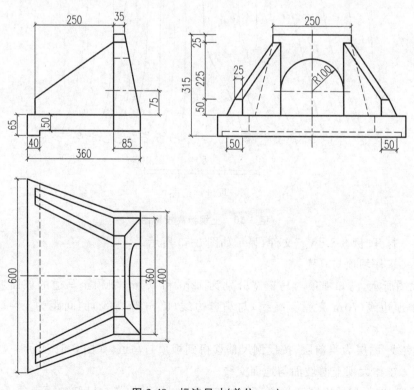

**图 3-49　标注尺寸(单位:cm)**

【例 3-8】　求作土坝的标高投影图。

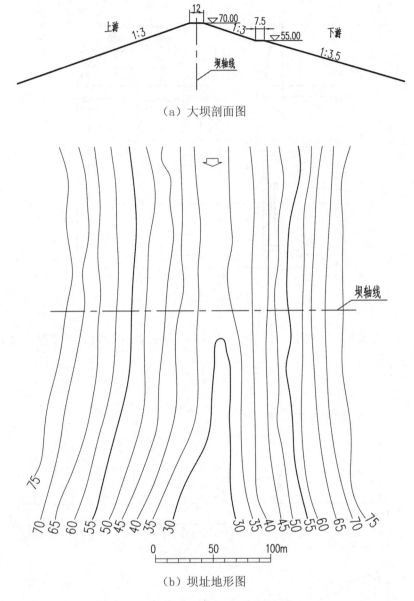

（a）大坝剖面图

（b）坝址地形图

**图 3-50　土坝标高投影图**

步骤 1　打开"例 3-8.dwg"文件,显示如图 3-50 所示。

步骤 2　求作坝顶与马道。

如剖面图所示,已知坝顶与马道宽分别为 12m 和 7.5m,坝顶至马道的坡面坡比为 1:3。由此计算坝顶边线（70m 高程等高线）与马道边线（55m 等高线）的间距为 L＝（70－55）×3m＝45m。

以"粗实线"图层为当前层,按比例尺偏移得到坝顶与马道,如图 3-51 所示。

步骤 3　求作大坝上游坡面与地面交线。

作图原理:坡面与地面同高程等高线的交点是交线上的点。已知地面上每 5m 有一条等

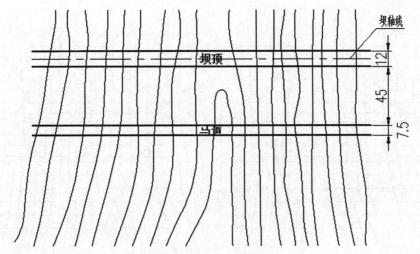

图 3-51   作坝顶与马道

高线,因此在大坝坡面上也每 5m 作一条同高程的等高线,得一系列交点,依次连这些交点成曲线即为所求。

以 temp 图层为当前层,按比例尺偏移得到大坝坡面上的等高线(间距=5×3m=15m),绘制出同高程等高线的交点,结果如图 3-52 所示。用样条曲线依次连接各点得到坡面与地面的交线。

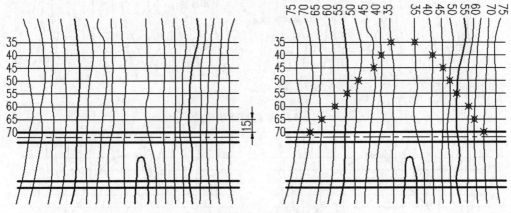

图 3-52   求作同高程等高线的交点

步骤 4   求作大坝下游坡面与地面交线。

注意马道以上坡面坡比为 1∶3,马道以下坡面坡比为 1∶3.5,如图 3-53 所示。

步骤 5   编辑坝顶和马道。

由于坝顶高程为 70m,因此坝顶端部与地面相交于 70m 高程的等高线;同理,马道与地面相交于 55m 等高线。所以,分别以 70m、55m 等高线为剪切边,修剪坝顶、马道边线,如图 3-54(a)所示。沿坝顶、马道端部等高线加粗轮廓,如图 3-54(b)所示。

步骤 6   修剪等高线,绘制示坡线,完成效果如图 3-55 所示。

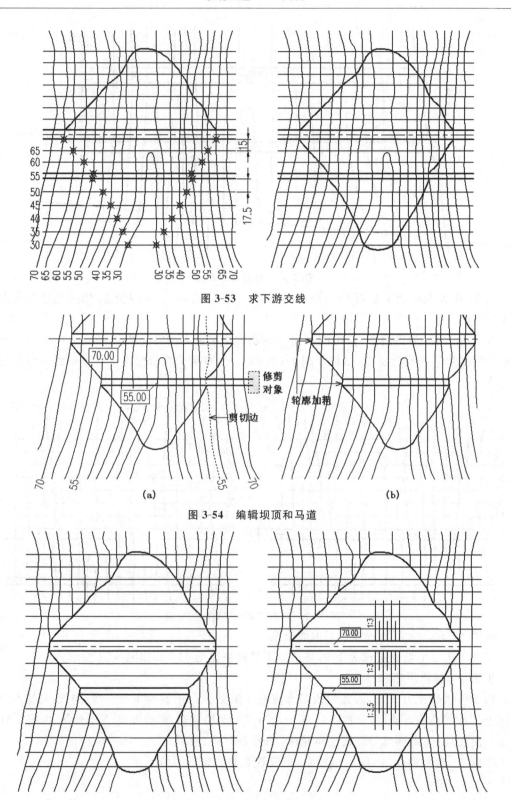

图 3-53　求下游交线

图 3-54　编辑坝顶和马道

图 3-55　修剪等高线、绘制示坡线

## 模块 3   自测练习

【练习 3-1】  绘制如图 3-56 所示平面图形。

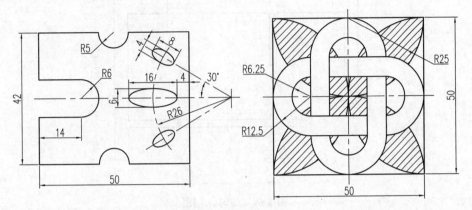

**图 3-56**   练习 3-1 图

【练习 3-2】  绘制如图 3-57 所示面盆平面图形。

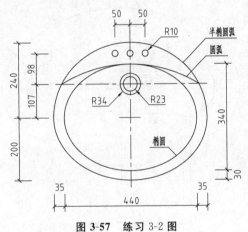

**图 3-57**   练习 3-2 图

【练习 3-3】  绘制卫生间单线图,如图 3-58 所示。

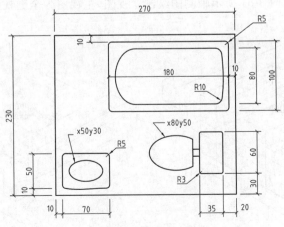

**图 3-58**   练习 3-3 图

**【练习 3-4】**　绘制建筑平面图，如图 3-59 所示。

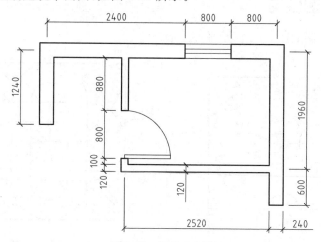

图 3-59　练习 3-4 图

**【练习 3-5】**　利用圆角、修剪等命令，完成图 3-60 所示扶手断面图。

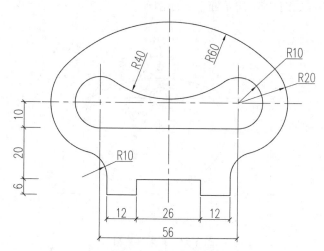

图 3-60　练习 3-5 图

**【练习 3-6】**　根据图 3-61 所示轴测图绘制三视图，主视图为全剖视图，填充剖面线。

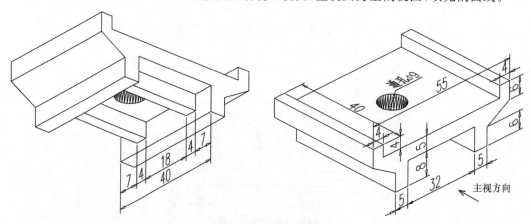

图 3-61　练习 3-6 图

【**练习 3-7**】　根据图 3-62 所示闸室轴测图绘制三视图。

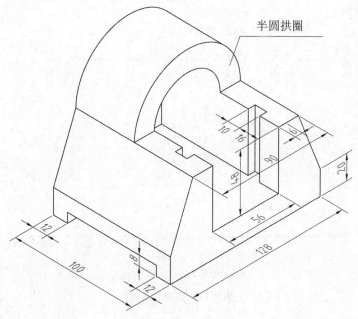

**图 3-62　练习 3-7 图**

【**练习 3-8**】　将图 3-63 所示沉沙池主视图改画成 A-A 全剖视图,左视图改画成 B-B 半剖视图。沉沙池采用混凝土材料。

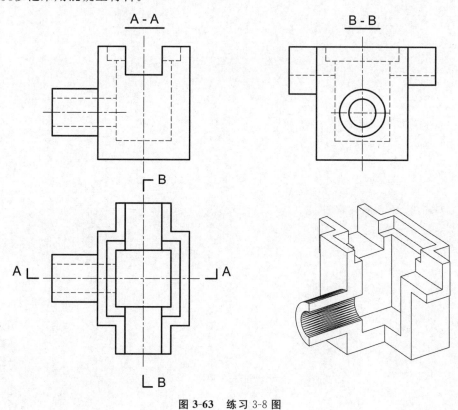

**图 3-63　练习 3-8 图**

【**练习 3-9**】　完成图 3-64 所示小河堤坝的标高投影图（求坝顶、坝面与河岸、河底间的交线，坡面上画示坡线）。

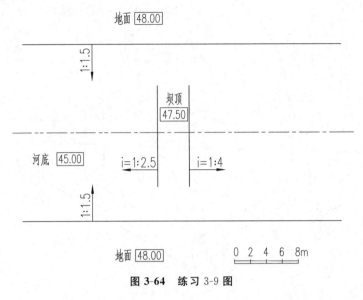

图 3-64　练习 3-9 图

# 实训 4　文字、表格、尺寸

## 模块 1　知识链接

### 1.文字样式与文字标注

在图形中书写文字、标注尺寸、创建表格之前都应先设置文字样式,其目的主要是设置字体。AutoCAD 可选择两类字体,即 Windows 的 TrueType 字体和 AutoCAD 的 SHX 字体。默认设置为宋体,这是 TrueType 字体。要选择 SHX 字体,必须先在"字体名"下拉列表框中选择一种 SHX 字体,并选择"使用大字体",之后才能在"大字体"下拉列表框中选择中文 SHX 字体,如图 4-1 所示。

（a）设置 TrueType 字体

（a）设置 SHX 字体

**图 4-1　两类字体的设置**

TrueType 字体的优点是可选择的字体多且字形美观,缺点是耗系统资源;SHX 字体的优点是字体简单,耗资源小。

文字标注命令有两个:单行文字和多行文字。一般可使用单行文字(DTEXT)命令,当书写段落文字时可采用多行文字(MTEXT)命令。

### 2.表格样式与表格创建

表格样式的设置包括:标题、表头、数据的字体、字号及对齐特性;边框的线型与线宽。

表格创建只要设置行数、列数即可,暂不考虑行高、列宽。

填写表格数据后,编辑单元格,指定行高与列宽。

### 3.尺寸样式与尺寸标注

尺寸线、尺寸界线、尺寸箭头的外观特征值大小含义如图 4-2 所示。

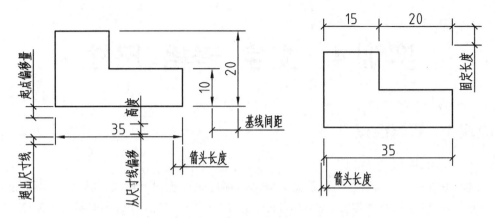

**图 4-2　尺寸要素的外观特征**

尺寸文字设置包括文字外观、文字位置、文字对齐设置，如图 4-3 所示。

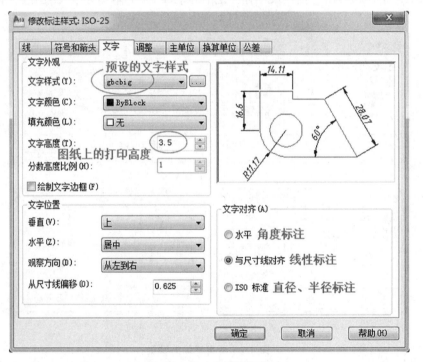

**图 4-3　尺寸文字的设置**

调整设置，参考图 4-4。

线性标注、角度标注时，"调整选项"按默认设置。

直径标注、半径标注时，"调整选项"设置为"文字"。

使用全局比例：在模型空间标注时，应设置全局比例，将文字高度等放大，比例大小为打印比例的倒数。

使用"注释性"：当使用图纸空间打印的时候，图形按 1:1 绘制，利用注释性标注可以简化标注样式的设置。

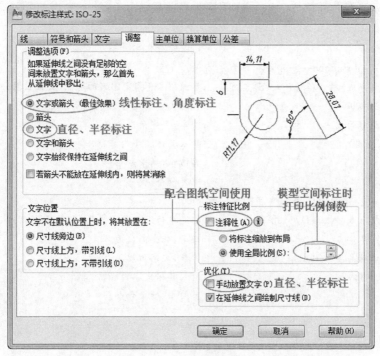

图 4-4　调整设置

## 模块 2　实训指导

【例 4-1】　按图 4-5 填写标题栏，图名和单位名称用 TrueType 字体、7 号字，其他为 SHX 字体、5 号字。

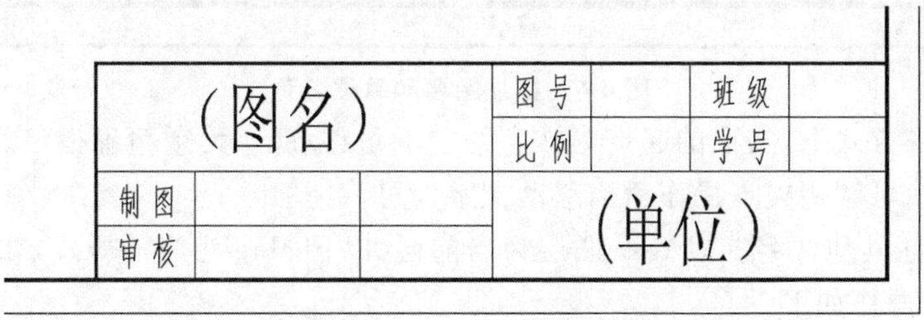

图 4-5　填写标题栏

步骤 1　打开"例 4-1.dwg"文件，这是一个 A4 图框。

步骤 2　新建 text 图层，绿色，细实线。

步骤 3　按表 4-1 所列要求设置两个文字样式，用 simfang 样式书写图名和单位，用 gbcbig 样式书写标题栏其他文字。

表 4-1　例 4-1 标题栏图文字样式

| 样式名 | 选择字体名 | 效　果 | 说　明 |
|---|---|---|---|
| gbcbig | gbeitc.shx ＋ gbcbig.shx | 默认 | 图名、单位以外的其他文字 |
| simfang | 仿宋 | 宽度比例为 0.7，其余为默认 | 图名、单位 |

步骤 4　标注图名和单位。以 text 图层为当前层,以 simfang 为当前样式,使用单行文字命令操作如下。

命令:dt TEXT                          ;输入单行文字命令

当前文字样式: simfang　当前文字高度: 2.5000

指定文字的起点或[对正(J)/样式(S)]:  ;参照图 4-6 指定图名的起点(大致位置)

指定高度 <2.5000>: 7                  ;输入文字高度为 7

指定文字的旋转角度 <0>:              ;回车,文字角度为 0°

输入文字:(图名)                      ;输入具体文字内容,回车

输入文字:                            ;再回车,结束命令

命令: TEXT                            ;重复命令

当前文字样式: simfang　当前文字高度: 7.0000

指定文字的起点或[对正(J)/样式(S)]:  ;指定单位名称的起点(大致位置)

指定高度 <7.0000>:                   ;回车,文字高度为 7

指定文字的旋转角度 <0>:              ;回车,文字角度为 0°

输入文字:(单位)                      ;输入具体文字内容,回车

输入文字:                            ;再回车,结束命令

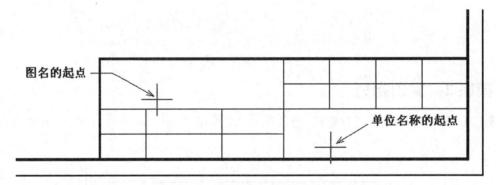

**图 4-6　标注图名和单位名称**

注:缺省对齐方式下,文字的起点为文字的左下角点,起点无须精确指定。标注完成后,如果需要调整位置,可利用夹点操作适当移动文字即可。

步骤 5　标注其他文字。以 text 图层为当前层,以 gbcbig 为当前样式,如图 4-7 所示。使用单行文字命令操作如下。

命令:dt TEXT                          ;输入单行文字命令

当前文字样式: gbcbig　当前文字高度: 7.0000

指定文字的起点或[对正(J)/样式(S)]:  ;参照图 4-7 大致指定"制图"的起点

指定高度 <2.5000>: 5                  ;输入文字高度为 5

指定文字的旋转角度 <0>:              ;回车,文字角度为 0°

输入文字:制图                        ;输入文字"制图",回车

输入文字:审核                        ;输入文字"审核",回车

输入文字:                            ;再回车,结束命令

命令:TEXT                            ;重复命令

当前文字样式: gbcbig　当前文字高度: 5.0000

指定文字的起点或[对正(J)/样式(S)]:  ;大致指定"图号"的起点

指定高度 <5.0000>:                   ;回车,文字高度为 5

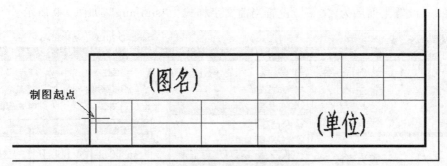

**图 4-7  标注其他文字**

| 指定文字的旋转角度＜0＞： | ;回车,文字角度 0 |
|---|---|
| 输入文字：图号 | ;输入文字"图号"回车 |
| 输入文字：比例 | ;输入文字"比例"回车 |
| 输入文字： | ;再回车结束命令 |
| …… | ;完成所有标注 |

步骤 6  调节文字位置,保存文件为：A4.dwg。

【例 4-2】  单行文字与多行文字：为图形标注房间名称和设计说明,房间名称用单行文字,设计说明用多行文字。

步骤 1  打开"例 4-2.dwg"文件,如图 4-8 所示。

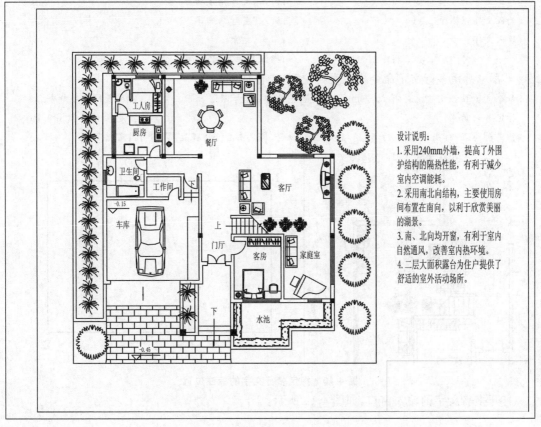

设计说明:
1.采用240mm外墙, 提高了外围护结构的隔热性能, 有利于减少室内空调能耗。
2.采用南北向结构, 主要使用房间布置在南向, 以利于欣赏美丽的湖景。
3.南、北向均开窗, 有利于室内自然通风, 改善室内热环境。
4.二层大面积露台为住户提供了舒适的室外活动场所。

**图 4-8  标注单行文字与多行文字**

步骤 2　设置当前层为"文字",设置当前文字样式为"simfang",如图 4-9 所示。

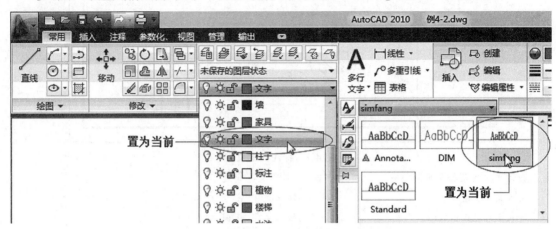

**图 4-9　设置当前图层和当前文字样式**

步骤 3　用单行文字命令标注房间名称,操作如下。

命令：dt TEXT　　　　　　　　　　　　　　;输入单行文字命令

当前文字样式： simfang　当前文字高度： 2.5000

指定文字的起点或[对正(J)/样式(S)]：　　　;指定"餐厅"的标注位置

指定高度 <2.5000>：500　　　　　　　　　;指定字高 500,1:100 打印后字高为 5

指定文字的旋转角度 <0>：　　　　　　　　;回车,文字角度为 0

输入文字：餐厅　　　　　　　　　　　　　;输入"餐厅",回车

输入文字：　　　　　　　　　　　　　　　;回车,结束

……　　　　　　　　　　　　　　　　　　;标注其他房间名,略。

步骤 4　用多行文字命令标注设计说明,操作如下。

命令：_mtext 当前文字样式："simfang"　当前文字高度：500　　　　;输入多行文字命令

指定第一角点：　　　　　　　　　　　　　　　　　　　;指定点 1,参照图 4-10

指定对角点或[高度(H)/对正(J)/行距(L)/旋转(R)/样式(S)/宽度(W)]；;指定点 2

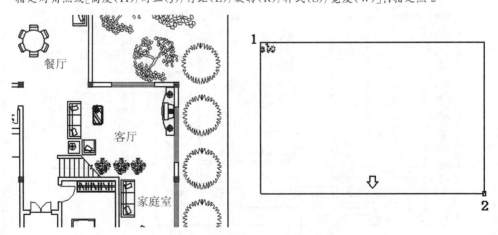

**图 4-10　指定多行文字的标注位置**

打开多行文字的输入窗口,如图 4-11 所示。

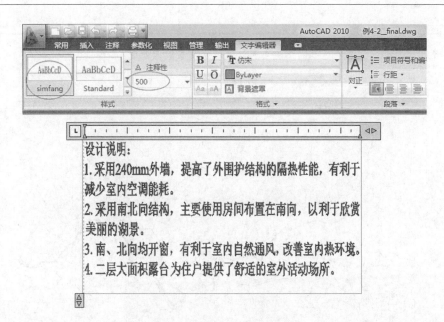

**图 4-11　多行文字输入窗口**

确认当前文字样式为 simfang，文字高度为 500，在窗口输入所需文字，关闭编辑窗口。在输入过程中，只需在段落处回车，当文字行长度超出指定的窗口宽度时自动换行。

步骤 5　如果需要，利用夹点操作移动文字的位置或调节文字段的宽度，如图 4-12 所示。

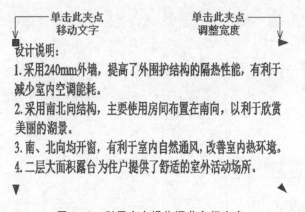

**图 4-12　利用夹点操作调节多行文字**

步骤 6　保存为文件"例 4-2_final.dwg"。

**【例 4-3】**　修改文字特性。

打开"例 4-3.dwg"文件，修改图名、地名、河流名称的文字样式，完成后效果如图 4-13 所示。具体要求是：图名用"华文新魏"5 号字，地名用"黑体"2.5 号字，河流名称用"宋体"2.5 号字。

首先查看文字样式设置，如图 4-14 所示，已设置所需文字样式，下面介绍各种修改方法。

**1）利用"快捷特性"工具栏**

确保状态栏"快捷特性" 为开启状态，参考图 4-15，操作过程如下。

步骤 1　选择要修改的文字，如图名"湖北境内长江流域主要支流示意图"，自动弹出快捷特性窗口。

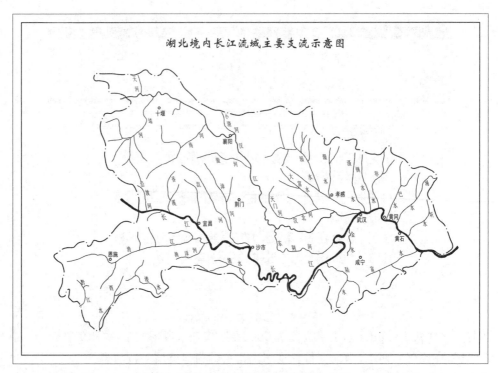

图 4-13　修改文字特性

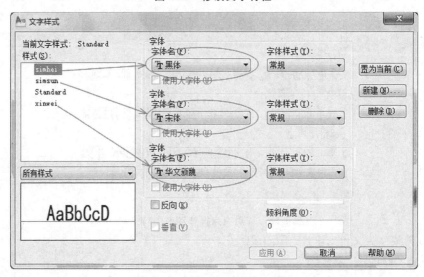

图 4-14　已设置好的文字样式

步骤 2　从快捷特性"样式"栏下选择需要的文字样式"xinwei";在"高度"栏输入数值,可以修改字高。

步骤 3　按 ESC 键取消选择,完成图名文字的修改。

**2)利用"注释"面板**

如果"快捷特性"关闭,就不会弹出其窗口,这时可以利用"注释"面板(Ribbon 界面)或"特性"工具栏(经典界面),参考图 4-16,操作如下。

步骤 1　选择要修改的文字,如地名"武汉""孝感""黄冈"等。

图 4-15 利用"快捷特性"修改文字特性

图 4-16 利用"注释"面板修改文字样式

步骤 2 从"注释"面板"文字样式"下拉列表框中选择需要的文字样式"simhei"。

步骤 3 按 ESC 键取消选择,完成地名文字的修改。

**3)利用"特性"选项板**

步骤 1 选择要修改的文字,按 Ctrl+1 显示"特性"选项板,如图 4-17 所示。

步骤 2 从"文字"区"样式"下拉列表框中选择需要的文字样式,如"simhei",在"高度"栏输入数值,修改字高。

步骤 3 按 ESC 键取消选择,完成文字特性的修改。

**4)利用"特性匹配"(格式刷)命令**

步骤 1 先按以上任一方法修改一个对象,例如,地名"武汉"。

步骤 2 单击 启动"格式刷"命令,选择文字"武汉",光标变成"刷子"状,如图 4-18 所示。

步骤 3 用"刷子"状光标选择需要修改的文字,如"黄石""黄冈""孝感"等。

步骤 4 修改完毕按回车键退出命令。

**5)利用"快速选择"配合"快捷特性"进行批量修改**

假设以上除了河流名之外,图名、地名文字已完成修改,由于河流名称文字较多,以上各方法的选择文字操作会比较麻烦。"快速选择"方法利用设定的筛选条件选择图形中的同一类对象,可以一次性快速选择需要的对象,操作如下。

步骤 1 单击"实用工具"面板上"快速选择"按钮 ,显示"快速选择"对话框,如图 4-19

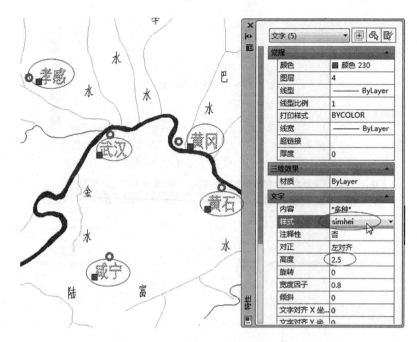

图 4-17　利用"特性"选项板修改文字特性

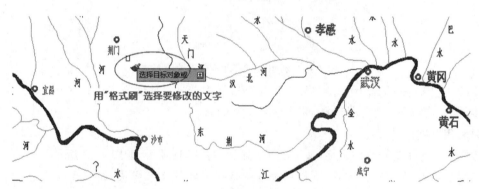

图 4-18　利用"格式刷"修改文字特性

所示,设定选择条件:样式为 Standard 的文字对象(因为河流名称为 Standard 样式)。

　　步骤 2　单击"确定"按钮,显示所有满足条件的文字,并弹出"快捷特性"窗口,在此可修改样式和字高,如图 4-20 所示。

　　步骤 3　按 ESC 键取消选择,完成文字特性的修改。

　　完成后保存为文件"例 4-3_final.dwg"。

【例 4-4】　创建图 4-21 所示钢筋表。

　　打开"例 4-4.dwg"文件,这是一张钢筋图,图纸打印比例为 1∶30,按此比例设计表格尺寸及字体高度。

　　步骤 1　按表 4-2 要求设置文字样式,涉及表格内数据、表头、标题文字的字体样式。

表 4-2　例 4-4 钢筋图文字样式

| 样　式　名 | 字　体　名 | 效　果 | 说　明 |
| --- | --- | --- | --- |
| gbhzfs | tjtxt.shx ＋ gbhzfs.shx | 宽度比例为 0.7,其余为默认 | 表格字体 |

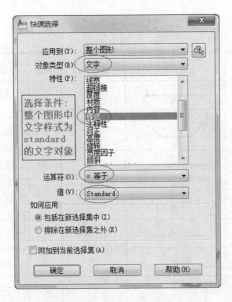

图 4-19　"快速选择"条件设置

图 4-20　利用"快速选择"修改文字特性

　　步骤 2　设置表格样式，"标题"单元样式参照图 4-22 设置"常规"选项卡和"文字"选项卡。"表头""数据"单元样式字高分别设置为 90(＝3×30)、75(＝2.5×30)，"常规"选项卡按图4-22设置。

　　步骤 3　创建表格：数据行数为 7、列数为 6，列宽、行高暂不设置，之后再分别修改。参数设置如图 4-23 所示。

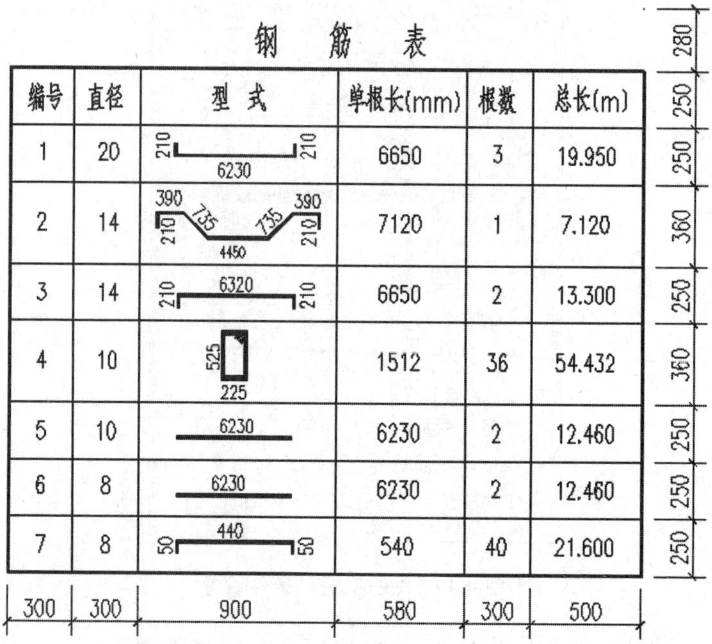

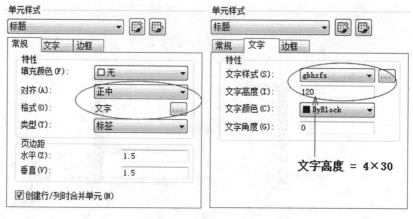

钢 筋 表
编号 直径 型 式 单根长(mm) 根数 总长(m)
1 20 210 6230 210 6650 3 19.950
2 14 390 735 735 390 210 210 4450 7120 1 7.120
3 14 210 6320 210 6650 2 13.300
4 10 525 225 1512 36 54.432
5 10 6230 6230 2 12.460
6 8 6230 6230 2 12.460
7 8 50 440 50 540 40 21.600
280 250 250 360 250 360 250 250 250
300 300 900 580 300 500

图 4-21　钢筋表

单元样式
标题
常规 文字 边框
特性
填充颜色(F): □无
对齐(A): 正中
格式(O): 文字
类型(T): 标签
页边距
水平(Z): 1.5
垂直(V): 1.5
☑创建行/列时合并单元(M)
单元样式
标题
常规 文字 边框
特性
文字样式(S): gbhzfs
文字高度(I): 120
文字颜色(C): ByBlock
文字角度(G): 0
文字高度 = 4×30

图 4-22　"标题"单元样式

步骤 4　填写表格数据。

表格内文字的字体和字高由表格样式决定。表格内容见图 4-21。

表格文字编辑操作要点：在表格外单击，退出文字编辑状态；按回车键可换行；按方向键可以移动书写单元格。

步骤 5　修改单元格尺寸。

操作方法是先选择单元格，按 Ctrl＋1 打开"特性"选项板，在"单元宽度""单元高度"框输入列宽、行高的值，如图 4-24 所示。

步骤 6　单独绘制表格内的钢筋。

**【例 4-5】**　标注图 4-25 所示滚水坝断面的尺寸。

步骤 1　打开"例 4-5.dwg"文件，图形如图 4-25 所示。

步骤 2　按表 4-3 设置文字样式。

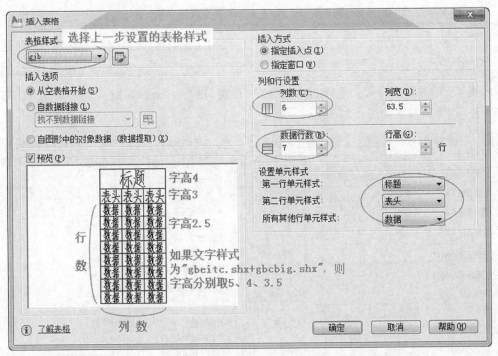

图 4-23　表格参数设置

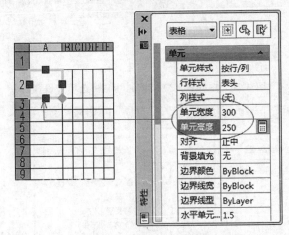

图 4-24　修改单元格尺寸

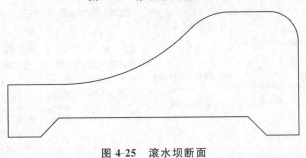

图 4-25　滚水坝断面

表 4-3　例 4-5 滚水坝断面图文字样式

| 样 式 名 | 字 体 名 | 效 果 | 说 明 |
|---|---|---|---|
| gbcbig | gbeitc.shx ＋ gbcbig.shx | 默认 | 尺寸文字字体 |

步骤 3　设置标注样式。主样式的"文字""调整"选项卡设置如图 4-26 所示,半径的"文字""调整"选项卡设置如图 4-27 所示。

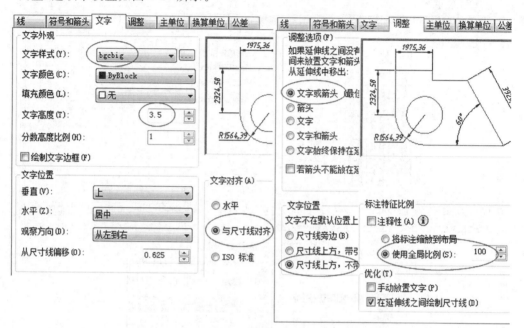

图 4-26　主样式的"文字"和"调整"选项卡设置

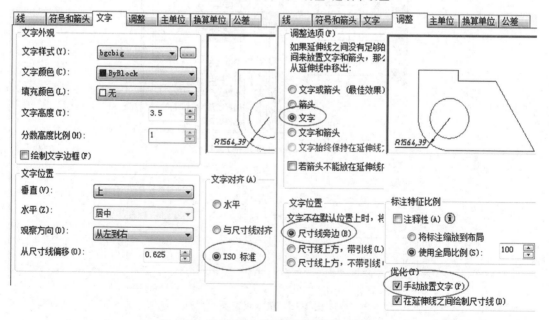

图 4-27　半径的"文字"和"调整"选项卡设置

步骤 4　标注尺寸。分别标注各线性尺寸、半径尺寸,如图 4-28(a)所示。

步骤 5　R5000 用折弯标注绘制,参照图 4-28(b),操作如下。

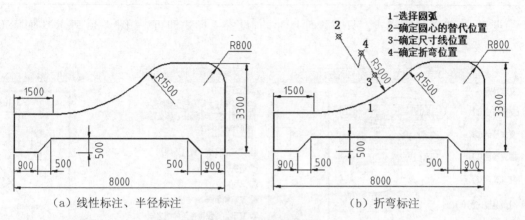

（a）线性标注、半径标注　　　　　　　　　（b）折弯标注

图 4-28　标注结果

命令:_dimjogged　　　　　　　　　　　　;输入"折弯"标注命令
选择圆弧或圆:　　　　　　　　　　　　　;单击点 1,选择圆弧
指定图示中心位置:　　　　　　　　　　　;指定点 2,作为圆心替代位置
标注文字 = 5000
指定尺寸线位置或[多行文字(M)/文字(T)/角度(A)];单击点 3,确定尺寸线位置
指定折弯位置:　　　　　　　　　　　　　;单击点 4,确定折弯位置

【例 4-6】　按图 4-29 所示标注尺寸,打印比例为 1:100。

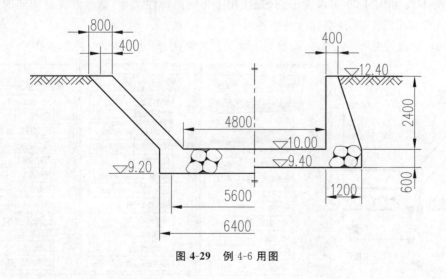

图 4-29　例 4-6 用图

步骤 1　打开"例 4-6.dwg"文件。

步骤 2　按表 4-4 设置文字样式。

表 4-4　例 4-6 图文字样式

| 样　式　名 | 字　体　名 | 效　　果 | 说　明 |
|---|---|---|---|
| Simplex | gsimplex.shx | 宽度比例为 0.7,其他为默认 | 尺寸文字字体 |

步骤 3　设置标注样式。只有线性尺寸的,设置主样式即可,按图 4-30 所示修改"ISO-25"样式设置。

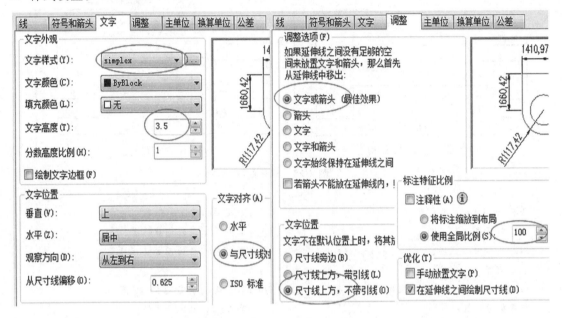

图 4-30　"文字"和"调整"选项卡设置

对比图 4-26 和图 4-30 可以看出,只是使用了不同的标注文字,其他设置是相同的。

步骤 4　参照图 4-29 分别标注各线性尺寸。

步骤 5　修改尺寸 5600、6400,隐藏另一半的尺寸箭头、尺寸界线、尺寸线,如图 4-31 所示。

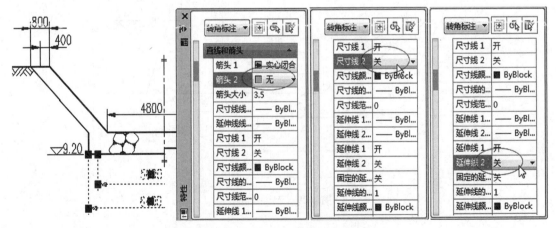

图 4-31　隐藏尺寸箭头、尺寸界线、尺寸线

## 模块 3　自测练习

【练习 4-1】　创建如图 4-32 所示钢筋表，按比例 1:1 打印。

### 钢筋表

| 编号 | 直径(mm) | 型　式 | 单根长(mm) | 根数 | 总长(mm) | 备注 |
|---|---|---|---|---|---|---|
| 1 | 18 | | 4184 | 2 | 8368 | |
| 2 | 10 | | 2990 | 2 | 5980 | |
| 3 | 8 | | 4184 | 4 | 16736 | |
| 4 | 6 | | 1270 | 25 | 31750 | |
| 5 | 6 | | 1480 | 2 | 2960 | |

图 4-32　练习 4-1 图

【练习 4-2】　打开"例 4-2.dwg"文件，参考图 4-33 标注尺寸并填写标题栏，按比例 1:2 打印。

【练习 4-3】　打开"例 4-3.dwg"文件，参考图 4-34 标注尺寸并填写标题栏，按比例 1:5 打印。

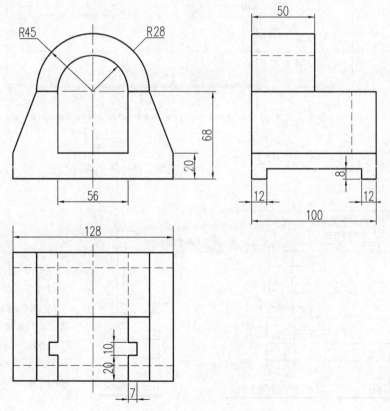

图 4-33　练习 4-2 图

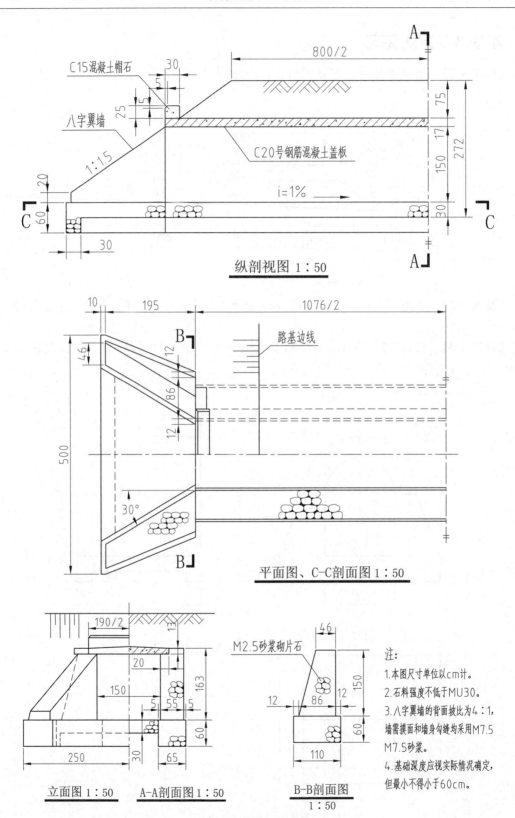

**图 4-34　练习 4-3 图**

# 实训5 图 块

## 模块1 知识链接

### 1.块及其属性

块是若干对象的组合,这些对象可以具有不同特性,如不同图层、颜色、线型和线宽。创建块的基本方法有以下几种。

(1)用BLOCK(B)命令在当前图形中创建块定义。BLOCK命令可以用于创建普通块、属性块或动态块。

(2)创建用做块的图形文件。创建图形文件,用于作为块插入其他图形中。作为块定义源,单个图形文件容易创建和管理。但对于符号集,就会有许多个图形文件,为便于使用,可将这些图形文件编组到文件夹中储存。图5-1所示的就是这样一个符号集的文件夹。

图5-1 库文件夹

可以用两种方法创建用于块的图形文件:一种方法是新建文件,用通常的方法绘制编辑完整的图形之后,用SAVE命令保存备用;另一种方法是打开已有图形文件,用WBLOCK(W)命令从该图中选择对象(块或其他图形对象)保存至硬盘备用。

图形文件用做块时,插入基点默认为原点(0,0),使用BASE(基点)命令可以重新设置插入基点。

(3)创建块库。将若干个相关块定义保存在一个图形文件中,这个文件是一个块定义的集合,称为块库。块库中的每个块定义都是由 BLOCK 命令单独创建的。显然,一个块库文件相当于第 2 种方法中的一个文件夹,块库中的一个块定义相当于该文件夹中的一个文件。图 5-2 所示的是块库文件的例子。

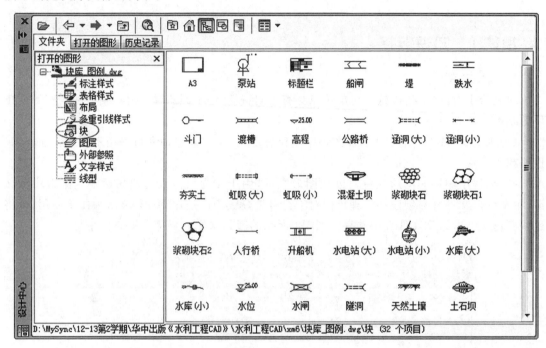

图 5-2　块库文件

属性是附着在块上的文字(数据)信息。属性文字不能用文字命令进行标注,必须用专门的属性定义命令 ATTDEF(ATT)来创建。

### 2.使用块的方法

(1)使用 INSERT(I)插入命令。插入命令可以插入用以上第 1、2 种方法创建的块定义及用做块的图形文件(如上述库文件夹下的文件),但不能插入用第 3 种方法创建的块库中的块定义。

(2)使用设计中心。设计中心可以将其他文件中的块定义插入当前图形中,所以块库文件与设计中心配合使用更为方便。

(3)使用工具选项板。可以将自己常用的块利用"工具"选项板组织起来,用鼠标进行拖放操作即可以插入块了。按下组合键 Ctrl+3 可显示"工具"选项板。

### 3.块的编辑

(1)编辑块定义命令:BEDIT。常用操作是双击块,弹出如图 5-3 所示的"编辑块定义"对话框,选择要编辑的块,进入图 5-4 所示的"块编辑器"中。对图形进行编辑修改,修改完成后单击"保存块",关闭编辑器,返回图形界面。

(2)在位编辑命令:REFEDIT。

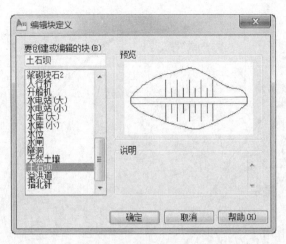

图 5-3 编辑块定义

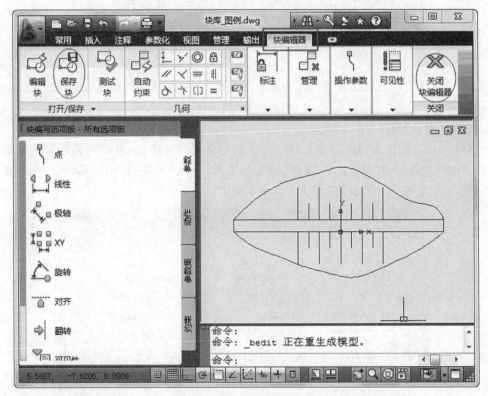

图 5-4 "块编辑器"界面 1

# 模块 2 实训指导

【例 5-1】 在图形中定义并插入块。图 5-5 所示的是湖北省平原湖区排涝工程图的某局部区域,在此图形中创建排水闸符号块并插入图形中。

命令训练:BLOCK(创建块)、INSERT(插入块)。

辅助工具:对象捕捉。

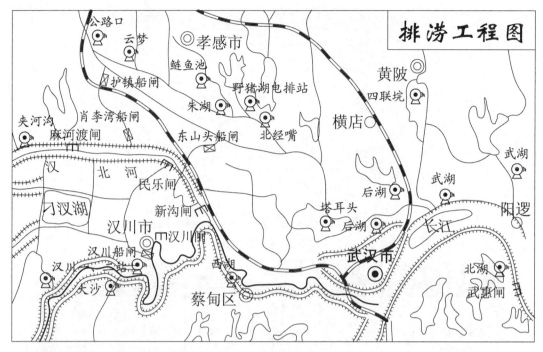

**图 5-5　例 5-1 用图**

步骤 1　打开"例 5-1.dwg"文件。

步骤 2　以 0 图层为当前层定义块。已作出排水闸符号图形，只要将其定义为块就可以了。启动创建块命令，打开"块定义"对话框，参考图 5-6，输入块名"paishuizha"、选择块对象（符号图形）、拾取基点，按"确定"按钮完成块定义。

**图 5-6　定义块**

步骤 3　以"图例"图层为当前层插入块。启动插入命令，显示"插入"对话框，按图 5-7 设置，单击"确定"按钮，移动光标至指定插入点。重复插入命令，完成所有符号的插入。各排水闸的位置参考图 5-5。

图 5-7  插入块

【例 5-2】  创建如图 5-8 所示的标题栏图块,并将单位名称与图名定义为属性。

命令训练:BLOCK(创建块)、ATTDEF(定义属性)。

辅助工具:极轴追踪、对象捕捉。

图 5-8  标题栏

步骤 1  新建文件,设置"文字"图层。

步骤 2  设置文字样式如表 5-1 所示。

表 5-1  例 5-2 标题栏图文字样式

| 样  式  名 | 字  体  名 | 效  果 | 说  明 |
|---|---|---|---|
| gbhzfs | tjtxt.shx + gbhzfs.shx | 宽度比例为 0.7,其余为默认 | 标题栏小号文字 |
| simfang | 仿宋体 | 宽度比例为 0.7,其余为默认 | 图名与单位名称 |

步骤 3  在 0 图层绘制标题栏,如图 5-9(a)所示;在"文字"图层标注除单位名称和图名之外的其他文字,字高 3.5,如图 5-9(b)所示。

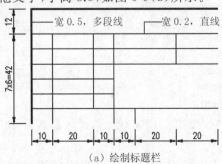

(a)绘制标题栏                    (b)填写标题栏

图 5-9  绘制标题栏

步骤 4　在"文字"层定义"单位名称"和"图名"属性，如图 5-10 所示。

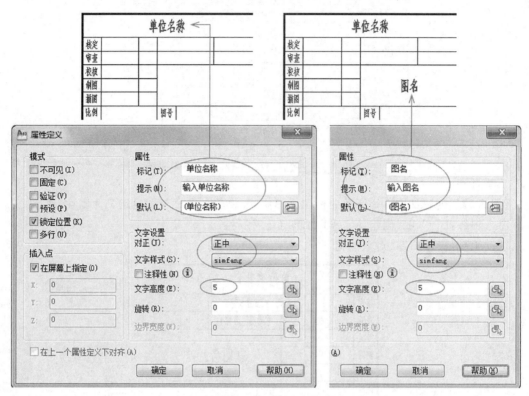

图 5-10　定义属性

步骤 5　创建"标题栏"图块，如图 5-11 所示。

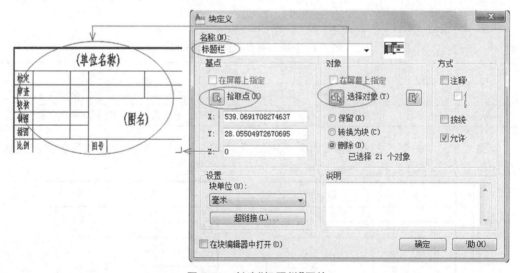

图 5-11　创建"标题栏"图块

步骤 6　"标题栏"属性块应用。绘制 A3 图框，如图 5-12(a)所示；插入标题栏，如图 5-12(b)所示。

(1)在 0 图层用矩形命令绘制 A3 图幅线，指定线宽为 0.2，再编辑图框线，指定线宽为 0.7。

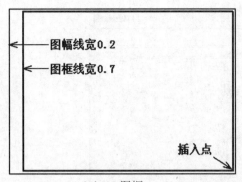

（a）A3 图框　　　　　　　（b）插入标题

**图 5-12　制作 A3 图框**

（2）在 0 图层插入标题栏属性块，操作如下。

命令：i　　　　　　　　　　　　　　　　;输入插入命令，显示"插入"对话框，如图 5-13 所示
INSERT　　　　　　　　　　　　　　　　;按图 5-13 设置，单击"确定"按钮
指定插入点或[基点(B)/比例(S)/旋转(R)]：　;指定插入点
输入属性值
输入单位名称 <（单位名称）>：　　　　　　;输入单位名称
输入图名 <（图名）>：　　　　　　　　　　;输入图形名称

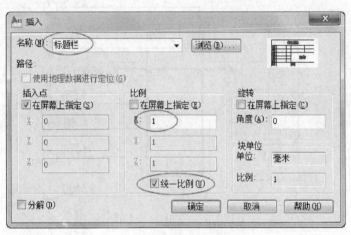

**图 5-13　插入操作**

步骤 7　保存 A3 图框。

步骤 8　用 Wblock（写块）命令保存标题栏属性块为图形文件。操作如下。

（1）输入写块命令，启动"写块"对话框。

（2）参照图 5-14 设置写块源，指定保存文件夹和文件名。

**【例 5-3】** 创建钢筋编号属性块，标注如图 5-15 所示的钢筋断面图。

命令训练：LINE（直线）、PLINE（多段线）、OFFSET（偏移）、BLOCK（创建块）、ATTDEF（属性定义）、INSERT（插入）、文字标注和尺寸标注等。

辅助工具：极轴追踪、对象捕捉、对象捕捉追踪。

步骤 1　设置相关图层，绘制 2-2 断面图，构件轮廓线为细实线，钢筋为粗实线和实心圆点。

图 5-14 写块操作

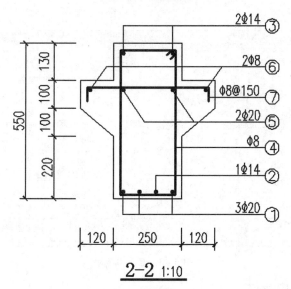

图 5-15 钢筋断面图

步骤 2 设置文字样式如表 5-2 所示。

表 5-2 例 5-3 钢筋断面图文字样式

| 样 式 名 | 字 体 名 | 效 果 | 说 明 |
|---|---|---|---|
| gbhzfs | tjtxt.shx + gbhzfs.shx | 宽度比例为 0.7,其余为默认 | 标注尺寸、钢筋编号等 |

步骤 3 创建属性块,如图 5-16 所示。

(1)绘制编号小圆圈,直径为 5mm。

(2)定义编号、钢筋属性,参照图 5-17 进行设置。

(3)创建属性块,参照图 5-18 进行设置。

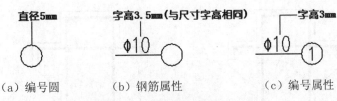

（a）编号圆　　　　（b）钢筋属性　　　　（c）编号属性

**图 5-16　创建钢筋编号属性块**

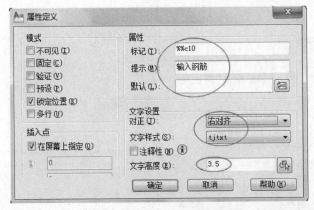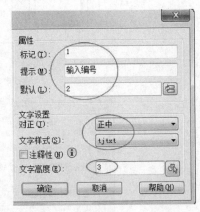

**图 5-17　定义属性**

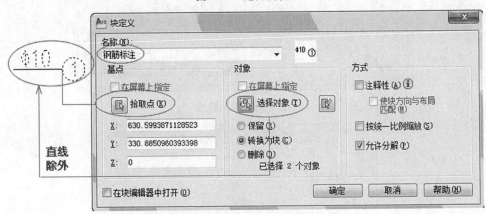

**图 5-18　创建"钢筋标注"属性块**

步骤 4　插入"钢筋标注"属性块，参照图 5-19 操作如下。

| 命令：i | ；输入插入命令 |
|---|---|
| INSERT | ；按图 5-20 设置 |
| 指定插入点或[基点(B)/比例(S)/旋转(R)]： | ；单击引线端点 |
| 输入属性值 | |
| 输入钢筋编号 ＜2＞：1 | ；输入钢筋编号 |
| 输入钢筋：3％％12420 | ；输入钢筋数量和直径 |
| …… | ；将"％％124"转换为 Ⅱ 级钢筋符号 |

步骤 5　标注尺寸（略）。

步骤 6　用 Wblock（写块）命令保存"钢筋标注"属性块至符号库文件夹，如图 5-21 所示。

**【例 5-4】**　编辑块。将图 5-22 中"beng""paishuizha"符号图例修改为水工图的标准图例，如图 5-23 所示。

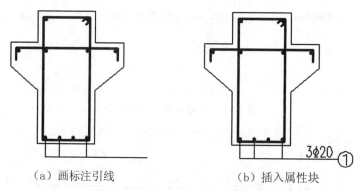

（a）画标注引线　　　　　　　（b）插入属性块

图 5-19　插入"钢筋标注"属性块

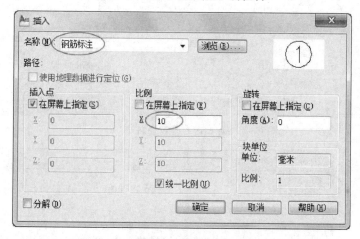

图 5-20　插入设置

图 5-21　写块操作

命令训练：BEDIT（块编辑）、REFEDIT（在位编辑）。

辅助工具：极轴追踪、对象捕捉、对象捕捉追踪。

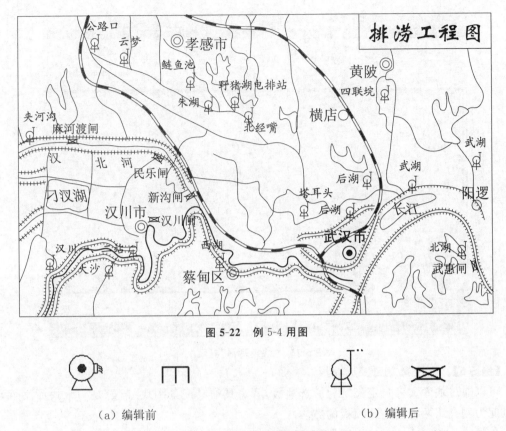

图 5-22　例 5-4 用图

（a）编辑前　　　　　　　　　　　　　（b）编辑后

**图 5-23　需修改的图例图形**

步骤 1　打开"例 5-4.dwg"。

步骤 2　双击图形中任一个符号块,显示"编辑块定义"对话框,如图 5-24 所示,选择要编辑的块,如"beng",单击"确定"按钮。

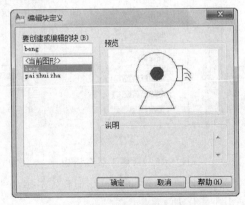

**图 5-24　选择要编辑的块**

步骤 3　接上操作,系统自动显示"块编辑器"界面,如图 5-25 所示。

步骤 4　编辑图例图形,修改完成后单击"关闭块编辑器",之后再单击"将更改保存到块"。用同样的方法编辑另一块。编辑完毕退出编辑器后,图形中所有图块自动更新。

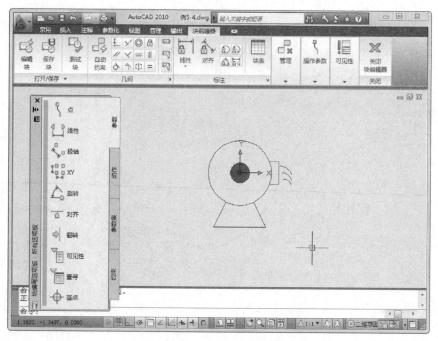

图 5-25　"块编辑器"界面 2

【例 5-5】　自定义"工具"选项板。

可以通过块库文件自定义"工具"选项板。"家具洁具配景图块.dwg"是一个块库文件,下面以此为例介绍两种创建选项板的方法。

步骤 1　按 Ctrl+3 打开"工具"选项板,如图 5-26(a)所示,在任意选项板上右击显示快捷菜单,如图 5-26(b)所示,选择"新建选项板",输入选项板名称,如"家具洁具",结果如图 5-26(c)所示。

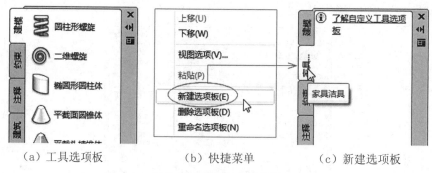

（a）工具选项板　　　　　　（b）快捷菜单　　　　　（c）新建选项板

图 5-26　新建工具选项板

步骤 2　按 Ctrl+2 打开设计中心,浏览"家具洁具配景图块.dwg"中的块,用鼠标选择块并拖入选项板上,操作结果如图 5-27 所示。

另一种简单方法就是在设计中心右击块库文件,选择快捷菜单"创建工具选项板",如图 5-28 所示,可以自动创建一个同名的选项板。

【例 5-6】　利用"工具"选项板插入块。

步骤 1　打开"例 5-6.dwg"文件,如图 5-29 所示。

步骤 2　以"家具"层为当前层,缩放显示到"客厅",按 Ctrl+3 打开"工具选项板"窗口,将

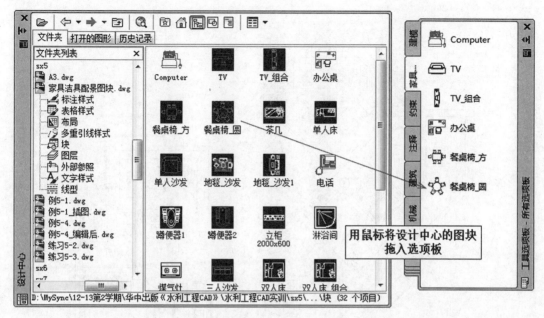

图 5-27　方法一

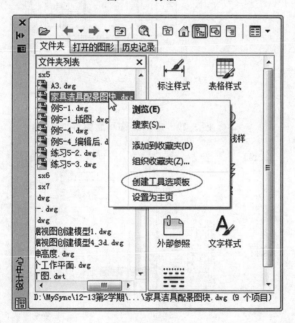

图 5-28　方法二

"地毯_沙发1"从"工具"选项板拖入客厅，在适当位置单击确定插入点，如图 5-30 所示。用同样的方法将"TV_组合"拖入客厅。

步骤 3　逐一布置各个房间。

有时候不可能直接插入正确的位置，因此将块从"工具"选项板拖入图形之后，还要适当地进行移动、旋转等编辑（常用夹点编辑、ALIGN 对齐）操作才能完成。

图 5-29　室内装饰平面图

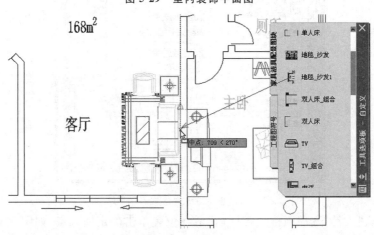

图 5-30　插入沙发组到客厅

# 模块 3　自测练习

【练习 5-1】 创建图 5-31 所示常用建筑材料符号库（分别用符号库文件夹和块库文件两种方式完成）。

(a) 天然土壤          (b) 夯实土          (c) 浆砌块石

**图 5-31  练习 5-1 图**

【**练习 5-2**】  利用练习 5-1 创建的符号库,用适当方法插入块,完成图 5-32 所示渠道断面图。

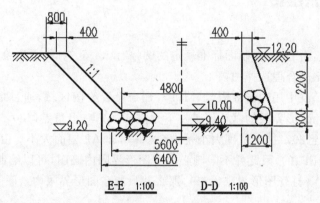

**图 5-32  练习 5-2 图**

【**练习 5-3**】  如图 5-33 所示打开"练习 5-3.dwg"球场平面图,作如下操作。

(1)插入 A4 图框(实训 4 中例 4-1 创建的 A4.dwg),设图形打印比例为 1∶10。

(2)编辑"(图名)"为"球场平面图",将"单位"修改为校名。

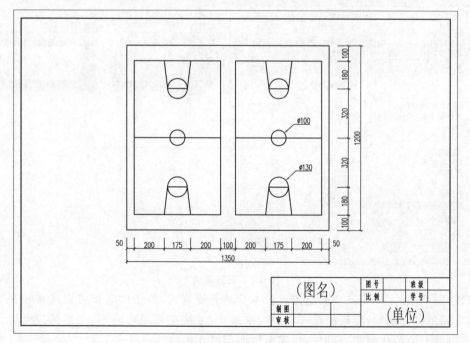

**图 5-33  练习 5-3 图**

# 实训 6  专业图绘制与打印

## 模块 1  知识链接

**1.图幅**

图幅是指图纸幅面的大小,制图标准规定的图幅有 A4 至 A1。手工绘图时首先要根据建筑物的尺寸与图形比例合理选择图幅。

类似地,AutoCAD 中用图形界限(LIMITS)命令设置绘图区域,通过指定其左下角、右上角来确定这个范围。图形界限的默认值是左下角点(0,0),右上角点(420,297),即 X 方向从 0 至 420,Y 方向从 0 至 297,这个范围大小是 420×297,即 A3 幅面大小。由于图形界限检查默认是关闭(Limits/OFF)的,因此并不限制必须在图形界限内画图,可以绘制任何大小的图形。如果设置 Limits/ON(打开图形界限检查),那么就只能在图形界限内绘图了。

**2.单位**

(1)测量单位。AutoCAD 单位(UNITS)命令用于设置测量数据的计数格式,如图 6-1 所示,它并不用于设置绘图单位。

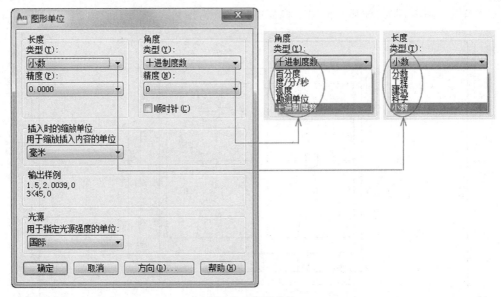

图 6-1  图形单位

(2)绘图单位。AutoCAD 的绘图单位本身是无量纲的,绘图的时候可以将单位视为绘制图形的实际单位。例如,图形的尺寸标注以毫米计,就按毫米单位画图;图形的尺寸标注以厘米计,就以厘米为单位画图,可以说绘图单位使用尺寸单位。

**3.比例**

(1)绘图比例。手工绘图时,由于建筑物尺寸很大,在标准图纸上绘图时,通常按缩小的比例绘图。例如,缩小为建筑物真实尺寸的 1/100 后画图,此时绘图比例就是 1:100。AutoCAD 绘图区域是无限大的,绘制大尺寸图形时不必缩小,用真实的尺寸绘图即可,此时绘图比例为 1:1。在 AutoCAD 中用 1:1 绘图最简单,避免了绘图时计算画线长度。

(2)图形比例。图形比例是指图形与实物相对应的线性尺寸之比,工程图纸上在图形名称处或图签内标注的比例就是图形比例,如图 6-2(a)所示的标注表示某平面图的图形比例为 1:100。

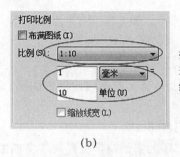

打印比例为 1:10,
表示图纸上 1mm 等于
绘图时的 10 个单位

(a)　　　　　　　　　　　　(b)

**图 6-2　图形比例与打印比例**

(3)打印比例。打印图形时要设置打印比例,如图 6-2(b)所示。打印比例是纸质图形与 AutoCAD 图形对应的线性尺寸之比。例如,将绘制的 10 个单位长度打印为图纸上的 1mm,此时打印比例即为 1:10。

(4)打印比例与绘图比例的关系。当以毫米为单位按 1:1 比例绘图时,打印比例与绘图比例一致。实际的工程设计中,水工图的尺寸单位除了使用毫米外,也常用厘米或米为单位。如果以厘米或米为单位按 1:1 绘图,打印比例与图形比例是不同的。以厘米为单位绘图时,打印比例是图形比例的 10 倍;以米为单位绘图时,打印比例是图形比例的 1000 倍。

例如,图形比例为 1:100,分别以毫米、厘米、米为单位绘图时,打印比例如表 6-1 所示。

**表 6-1　图形比例与打印比例**

| 尺寸单位 | 绘图比例 | 图形比例 | 打印比例 |
| --- | --- | --- | --- |
| 毫米(mm) | 1:1 | 1:100(1:n) | 1:100(1:n) |
| 厘米(cm) | 1:1 | 1:100(1:n) | 1:10(1:n/10) |
| 米(m) | 1:1 | 1:100(1:n) | 10:1(1:n/1000) |

### 4.单一比例图形的绘制、标注与打印

单一比例图形的绘制、标注、打印的实例请参见模块 2 实训指导中例 6-5。

所谓单一比例是指一张图纸上各视图为同一个比例,例如,例 6-5 中图 6-38 所示的建筑平、立、剖面图,三个视图的比例均为 1:100。这种情况比较简单,可以在模型空间绘图与打印,其过程要点如下。

(1)按 1:1 比例绘制完成全图。

(2)标注样式的设置重点在于将系统变量 DIMSCALE 设置为打印比例的倒数,即在"调整"选项卡上将"标注特征比例"选择为"使用全局比例"并输入值,如图 6-3 所示。

(3)文字高度应按打印比例反比例放大输入高度值,例如,标注 5 号字(5mm 高),如按 1:100 的打印比例,则应输入高度 500。

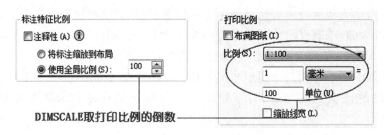

图 6-3　设置全局比例

（4）在模型空间打印图纸。

### 5.一纸多比例图形的标注与打印

一纸多比例是指一张图纸上具有几个不同比例的图形。对于一纸多比例图形，可以有如下几种标注与打印方法。

**1）图纸空间标注、图纸空间打印**

图纸空间标注、图纸空间打印的实例请参见模块 2 实训指导中的例 6-3。

对于一纸多比例图形，在图纸空间标注、图纸空间打印是一种简单的方法，过程要点如下。

（1）按 1:1 比例绘制完成所有比例的视图。

（2）只设置一个尺寸标注样式，该样式的设置重点在于系统变量 DIMSCALE＝0，即在"调整"选项卡上将"标注特征比例"选择为"将标注缩放到布局"，如图 6-4（a）所示。

（3）设置关联标注，即系统变量 DIMSSOC＝2，利用"选项"对话框的"用户系统配置"选项卡，如图 6-4（b）所示。

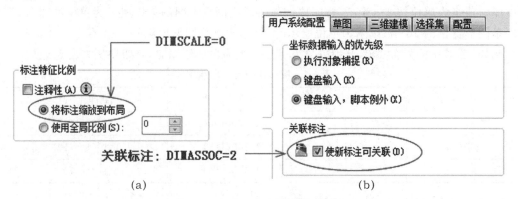

(a)　　　　　　　　　　　　　　　(b)

图 6-4　图纸空间标注的样式设置

（4）创建打印布局，按打印比例创建视口，视口比例为打印比例。

（5）在布局上标注尺寸，标注时注意捕捉到模型对象，否则标注尺寸就成了图纸尺寸。

**2）模型空间标注、图纸空间打印**

模型空间标注、图纸空间打印的实例请参见模块 2 实训指导中的例 6-4。

对于一纸多比例图形，在模型空间完成绘图与标注，在图纸空间打印也是一种较好的方法，过程要点如下。

（1）按 1:1 比例绘制完成所有比例的视图。

（2）根据不同的打印比例分别设置不同的标注样式，该样式的设置重点在于将系统变量 DIMSCALE 设置为打印比例的倒数，如图 6-3 所示。有几种打印比例，就设置几个标注样式。

（3）在模型空间标注各视图的尺寸，注意以各视图对应的标注样式来标注。

（4）创建打印布局，按打印比例建立视口，视口比例为打印比例。

**3）模型空间标注、模型空间打印**

模型空间标注、模型空间打印的具体操作请参见模块 2 实训指导中的例 6-2。

对于一纸多比例图形，在模型空间标注并打印是比较麻烦的，过程要点如下。

（1）按不同绘图比例绘制，以便按同一打印比例得到不同比例的图形。实际绘图时可以先按 1∶1 绘制，再缩放至所需绘图比例。

（2）针对不同绘图比例的图形设置相应的标注样式，以便将缩放后的图形仍标注为真实尺寸。设置方法是在"主单位"选项卡上将"测量单位比例"的"比例因子（E）：DIMLFAC"设置为绘图比例的倒数，即系统变量 DIMLFAC 取绘图比例的倒数，如图 6-5 所示。

**图 6-5　设置测量比例**

（3）在模型空间标注各视图的尺寸，注意以各视图对应的标注样式来标注。

## 模块 2　实训指导

**【例 6-1】**　自定义图纸尺寸。

为了打印标准图框的图纸，需要自定义图纸尺寸。一般大幅面的绘图仪可以自定义图纸尺寸，下面以电子打印"DWF6 ePlot.pc3"为例说明自定义图纸尺寸的方法。

步骤 1　单击"输出"选项卡"打印"面板中的 绘图仪管理器 ，显示打印机列表文件夹。

步骤 2　双击"DWF6 ePlot.pc3"，显示"绘图仪配置编辑器"对话框，选择"设备和文档设置"选项卡，在列表中选择"自定义图纸尺寸"选项，如图 6-6 所示。

步骤 3　单击"添加"按钮，显示"自定义图纸尺寸—开始"对话框，如图 6-7 所示。

步骤 4　选择"创建新图纸"选项，单击"下一步"按钮，显示如图 6-8 所示对话框。这里设置一张打印标准 A3（297mm×420mm）图框的图纸 A3＋（330mm×450mm）。

步骤 5　单击"下一步"按钮，设置可打印区域，如图 6-9 所示。

步骤 6　单击"下一步"按钮，图纸尺寸命名为"A3＋（330×450 毫米）"，如图 6-10 所示。

步骤 7　单击"下一步"按钮，显示如图 6-11 所示对话框，键入文件名。

步骤 8　单击"下一步"按钮，完成图纸的自定义，如图 6-12 所示。

步骤 9　完成的自定义图纸尺寸如图 6-13 所示，单击"确定"按钮，退出"绘图仪配置编辑器"对话框，关闭打印机列表文件夹。

成功自定义图纸后，在"打印"对话框的"图纸尺寸"列表中可以找到该自定义图纸尺寸，待打印时选用。

**【例 6-2】**　绘制如图 6-14 所示的 T 形梁钢筋图，按 A4 图幅打印。

**1.分析准备**

（1）绘图单位：本图尺寸单位为毫米，所以也按毫米单位绘制。

（2）绘图比例与打印比例：图形比例有 1∶20、1∶10 两种，图形不太复杂，考虑按"模型空间

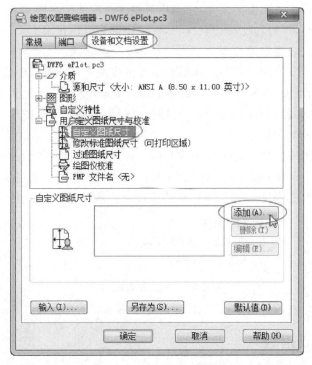

图 6-6　绘图仪配置编辑器

图 6-7　自定义图纸尺寸—开始

标注、模型空间打印"。如果将剖面图与立面图一起按 1:20 打印,那么两个剖面图应按 2:1 绘制,打印之后才得到 1:10 的图形比例。例 6-2 图的图形比例与打印比例如表 6-2 所示。

表 6-2　例 6-2 图的图形比例与打印比例

| 视　　图 | 绘 图 比 例 | 图 形 比 例 | 打 印 比 例 |
|---|---|---|---|
| 立面图 | 1:1 | 1:20 | 1:20 |
| A-A | 2:1 | 1:10 | 1:20 |
| B-B | 2:1 | 1:10 | 1:20 |

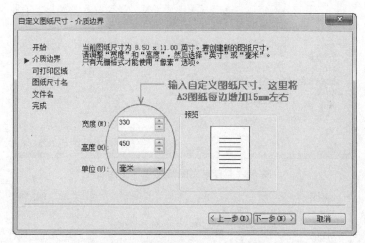

图 6-8　自定义图纸尺寸—介质边界

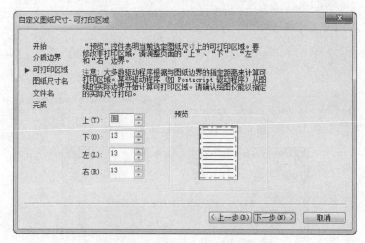

图 6-9　自定义图纸尺寸—可打印区域

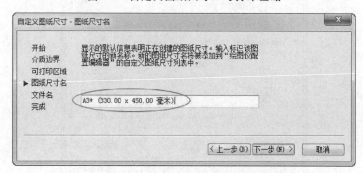

图 6-10　自定义图纸尺寸—图纸尺寸命名

## 2.绘图环境

（1）图层按图 6-15 设置，钢筋用粗实线画，构件轮廓用细实线画。

（2）文字样式要考虑钢筋直径符号的标注，所以字体选择"tjtxt.shx＋gbhzfs.shx"组合，如表 6-3 所示。

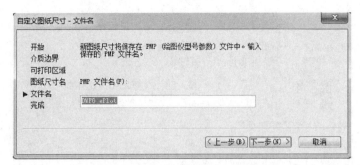

图 6-11　自定义图纸尺寸—文件名

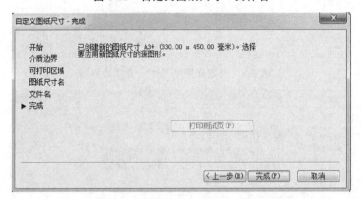

图 6-12　自定义图纸尺寸—完成

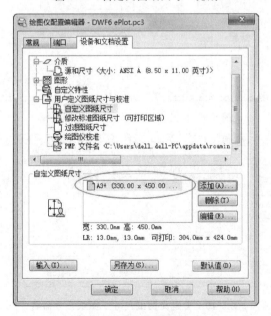

图 6-13　自定义图纸尺寸

表 6-3　例 6-2 钢筋图文字样式

| 样式名 | 字体名 | 效 果 | 说 明 |
|---|---|---|---|
| gbhzfs | tjtxt.shx ＋ gbhzfs.shx | 宽度比例为 0.7，其余为默认 | 用于尺寸标注与小号汉字标注 |
| simsun | 宋体 | 宽度比例为 0.7，其余为默认 | 图名、标题栏等 |

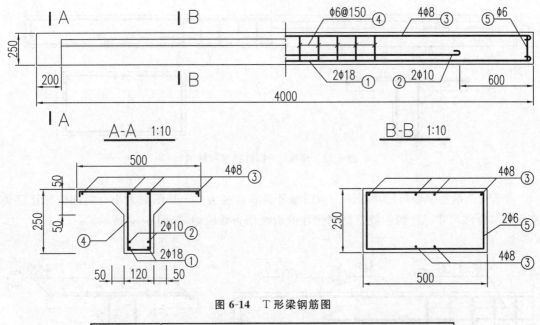

图 6-14　T 形梁钢筋图

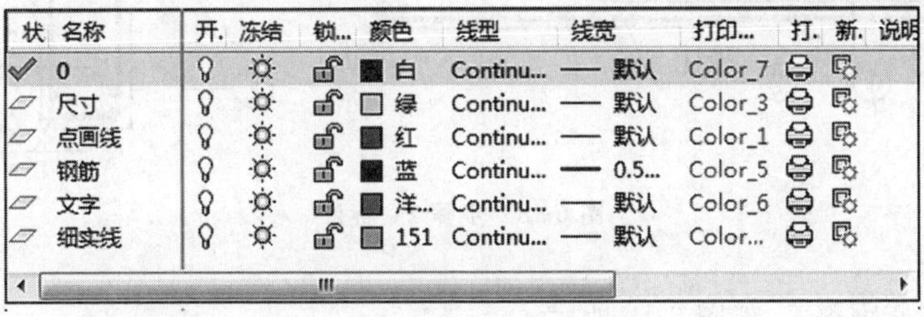

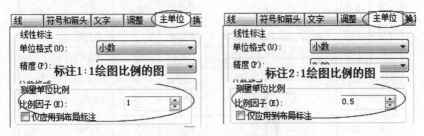

图 6-15　钢筋图的图层设置

（3）由于剖面图按 2∶1 绘制，但仍需标注原尺寸大小，因此设置标注的测量比例为绘图比例的倒数，即 0.5，具体设置如图 6-16 所示。

图 6-16　不同绘图比例的标注样式设置

## 3.作图要点

绘图过程的要点说明如下。

步骤 1　绘制构件轮廓和钢筋。在"细实线"图层绘制构件轮廓，在"钢筋"图层绘制钢筋（粗实线）。钢筋用 PLINE 命令绘制，其选项"圆弧（A）"画弯钩较方便。钢筋截面圆点用 DO-NUT 命令，内径设为 0，外径设为圆点大小（注意反比例放大）。

先按 1∶1 绘制立面图与剖面图,之后将剖面图尺寸放大 2 倍,结果如图 6-17 所示。

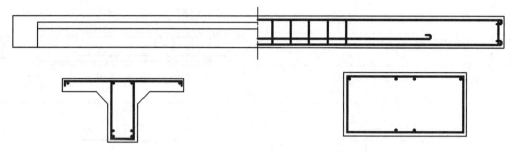

图 6-17　步骤 1—构件轮廓和钢筋

步骤 2　钢筋编号与尺寸标注。钢筋编号圆圈直径为 5mm(图纸大小),钢筋的标注字体及字号与构件尺寸标注的一致。钢筋标注的引线用直线绘制,如图 6-18 所示。

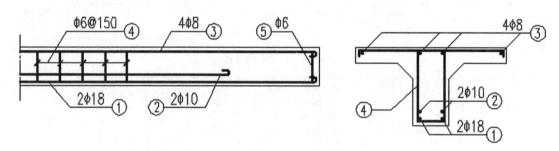

图 6-18　步骤 2—标注

步骤 3　制作钢筋表,如图 6-19 所示。

## 钢筋表

| 编号 | 直径<br>(mm) | 型　式 | 单根长<br>(mm) | 根数 | 总长<br>(mm) | 备注 |
|---|---|---|---|---|---|---|
| ① | Φ18 |  | 4184 | 2 | 8368 |  |
| ② | Φ10 |  | 2990 | 2 | 5980 |  |
| ③ | Φ8 |  | 4184 | 4 | 16736 |  |
| ④ | Φ6 |  | 1270 | 25 | 31750 |  |
| ⑤ | Φ6 |  | 1480 | 2 | 2960 |  |

图 6-19　步骤 3—钢筋表

步骤 4　插入 A4 图框,如图 6-20,模型空间打印。

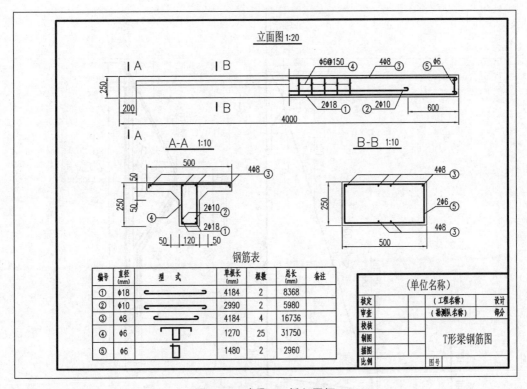

**图 6-20　步骤 4—插入图框**

**【例 6-3】**　绘制如图 6-21 所示土坝设计图,按 A3 图幅打印。

## 1.分析准备

(1)绘图单位:由于尺寸单位为厘米(cm),故以厘米为绘图单位。

(2)绘图比例、打印比例:图形比例有三个,这是一纸多比例的情况,有多种打印方式可供选择,本图采用"图纸空间标注、图纸空间打印"的最简单方式。由于绘图单位为厘米,故三个视图的打印比例应为图形比例的 10 倍,分别为 1:100、1:30 与 1:20,如表 6-4 所示。

**表 6-4　例 6-3 图的图形比例与打印比例**

| 视　图 | 绘图单位 | 绘图比例 | 图形比例 | 打印比例 |
|---|---|---|---|---|
| 最大横剖面 | 厘米(cm) | 1:1 | 1:1000 | 1:100 |
| 详图 A | 厘米(cm) | 1:1 | 1:200 | 1:20 |
| 详图 B | 厘米(cm) | 1:1 | 1:300 | 1:30 |

## 2.绘图环境

(1)打开《水利工程 CAD》项目 7 的"水工图.dwt",开始新图,或以公制样板开始按前述项目 7 所述方法设置图层、文字样式与标注样式。

(2)本图考虑用"图纸空间标注、图纸空间打印",如前所述,只需一个标注样式即可,标注特征比例选择"将标注缩放到布局",并保证 DIMASSOC=2,如图 6-4 所示。

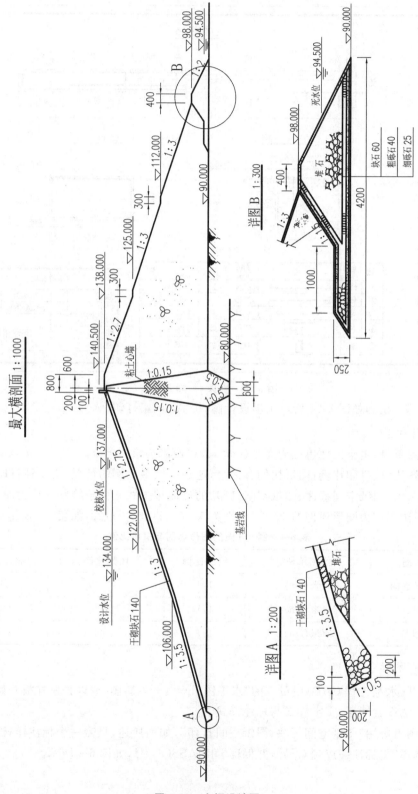

图 6-21　土坝设计图

## 3.作图要点

绘图过程的要点说明如下。

步骤 1  先绘制坝顶和大坝轴线,再确定上下游各高程的定位线,如图 6-22 所示。

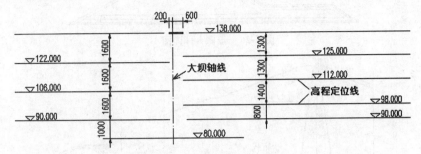

图 6-22  步骤 1—绘制各定位线

步骤 2  绘制各高程段的坡面线,编辑完成大坝断面主要轮廓,如图 6-23、图 6-24 所示。
用射线命令绘制具有坡度的斜线,方法如下。

命令:RAY            ;输入射线命令
指定起点:           ;捕捉坡度斜线的起点
指定通过点:@2.5,-1   ;输入通过点(注意正负号),如图 6-23 所示
指定通过点:           ;回车结束

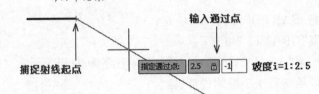

图 6-23  步骤 2—用射线命令绘制坡度斜线

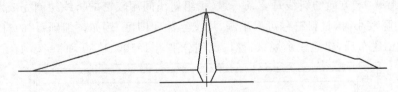

图 6-24  步骤 2—大坝断面主要轮廓线

步骤 3  绘制坝顶和 A、B 处轮廓,如图 6-25 所示。由于 A、B 处还有详图,因此横剖面上
细部结构可以不画。

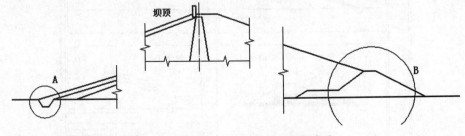

图 6-25  步骤 3—大坝断面主要轮廓线

步骤 4  绘制详图 A、B,详图 B 如图 6-26 所示。

步骤 5  绘制材料符号,如图 6-27 所示。

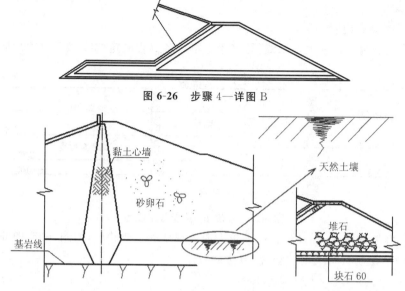

图 6-26  步骤 4—详图 B

图 6-27  步骤 5—材料符号

对于大范围的材料符号,可以绘制一个较小的线框填充之后删除边界。图 6-27 所示的几种材料符号的画法如下:

(1)黏土采用图案"EARTH",角度 45°填充;

(2)堆石采用图案"GRAVEL"填充;

(3)砂卵石采用图案"AR-SAND"填充,加绘几组小椭圆,每组 3 个;

(4)干砌块石可以绘制若干小椭圆代替;

(5)岩石符号用 3 条线绘制成 Y 形;

(6)天然土壤 45°方向的斜线每 3 条一组,每组斜线间用较密的折线绘制完成。

当图线间隙较小时,材料符号可以不画,用文字注明即可,例如,"细砾石"的符号。

步骤 6  创建布局,建立三个视口,视口比例分别为 1:100、1:30 和 1:20,如图 6-28 所示。

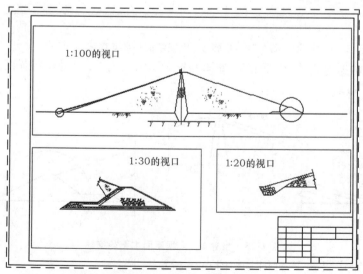

图 6-28  步骤 6—创建布局

步骤 7　图纸空间标注文字与尺寸,如图 6-29 所示,完成全图。

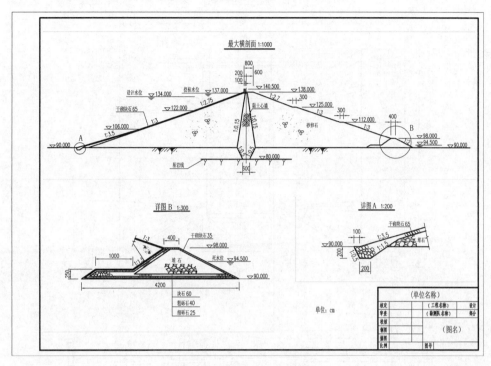

**图 6-29　步骤 7—完成标注**

在布局上标注文字不需考虑打印比例,只要按图纸文字的高度标注就可以了,例如,标注高度为 5 的文字,打印在图纸上就是 5mm 高。

在布局上标注尺寸要特别注意的一点是:时刻注意捕捉到模型对象,否则标注的是图纸上的尺寸,而不是视图的尺寸。

步骤 8　关闭视口图层(或设置视口图层不打印),打印布局。

【例 6-4】　绘制图 6-30 所示的小桥结构图。

## 1.分析准备

(1)绘图单位:由于尺寸单位为毫米(mm),所以以毫米为绘图单位。

(2)绘图比例、打印比例:图形比例有 1:100 和 1:50 两个,采用"模型空间标注、图纸空间打印"的方式也比较方便。以毫米为单位按 1:1 绘图,各视图打印比例与图形比例一致,各视图的比例如表 6-5 所示。

**表 6-5　例 6-4 图的图形比例与打印比例**

| 视　　图 | 绘图单位 | 绘图比例 | 图形比例 | 打印比例 |
|---|---|---|---|---|
| 平面图 | 毫米(mm) | 1:1 | 1:100 | 1:100 |
| A-A | 毫米(mm) | 1:1 | 1:100 | 1:100 |
| B-B | 毫米(mm) | 1:1 | 1:50 | 1:50 |
| C-C 和 D-D | 毫米(mm) | 1:1 | 1:100 | 1:100 |
| 面板纵剖视 | 毫米(mm) | 1:1 | 1:50 | 1:50 |

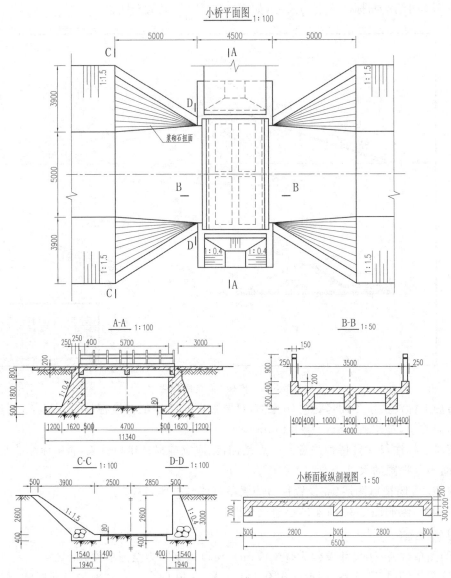

图 6-30　小桥结构图

## 2.绘图环境

（1）打开《水利工程 CAD》项目 7 的"水工图.dwt"，开始新图，或以公制样板开始按前述项目 7 所述方法自行设置图层、文字样式与标注样式。

（2）本图考虑以模型空间标注，如前所述，需根据打印比例设置对应的两个标注样式，如图 6-31 所示。

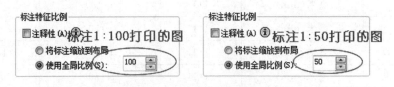

图 6-31　不同打印比例的标注样式

### 3.作图要点

绘图过程的要点说明如下。

步骤 1 先以 1:1 的绘图比例绘制各视图,如图 6-32 所示。

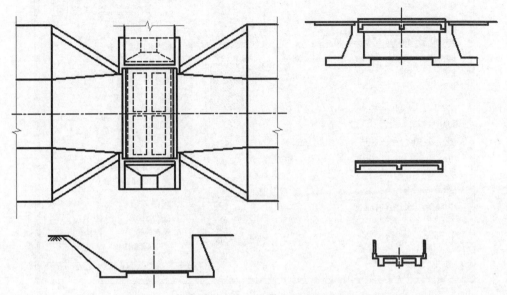

**图 6-32 步骤 1—按 1:1 的绘图比例绘制的各视图**

步骤 2 绘制各材料符号、剖切线与名称,标注尺寸等,完成后如图 6-33 所示。

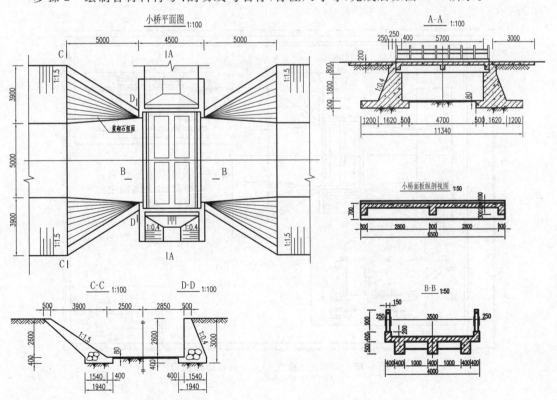

**图 6-33 步骤 2—绘制各种符号、标注文字与尺寸**

步骤 3　创建布局，按图 6-34 修改页面设置。

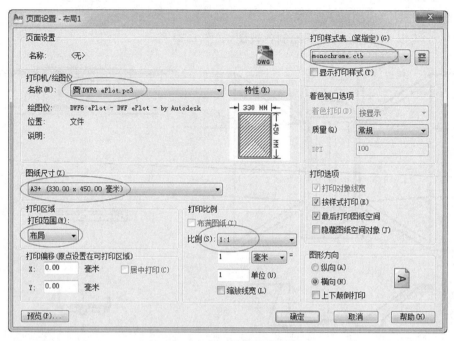

图 6-34　步骤 3—修改页面设置

步骤 4　删除默认视口，插入图框。在图框内创建打印比例为 1:100 的多边形视口，如图 6-35 所示。

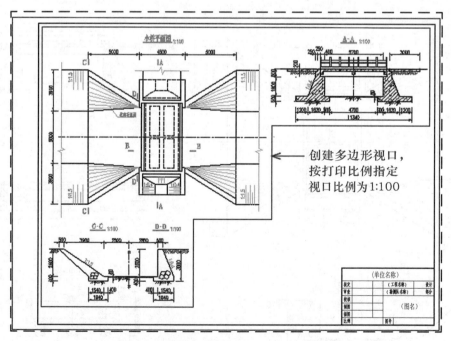

图 6-35　步骤 4—建立 1:100 的多边形视口

步骤 5　继续创建视口，即两个打印比例为 1:50 的矩形视口，如图 6-36 所示。

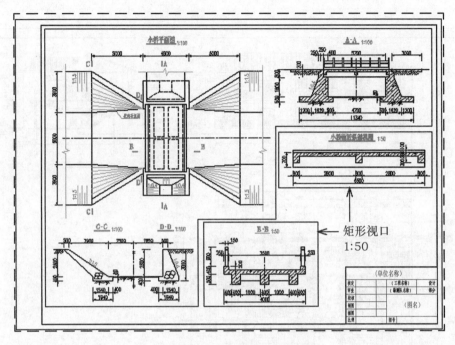

**图 6-36　步骤 5—建立 1:50 的矩形视口**

步骤 6　注写说明文字，关闭视口图层，显示打印布局，图 6-37 所示的为打印预览结果。

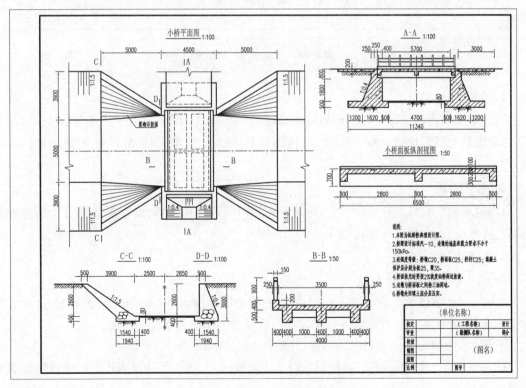

**图 6-37　步骤 6—打印预览结果**

【例 6-5】　绘制建筑平、立、剖面图，如图 6-38 所示，以 A2 图幅打印。

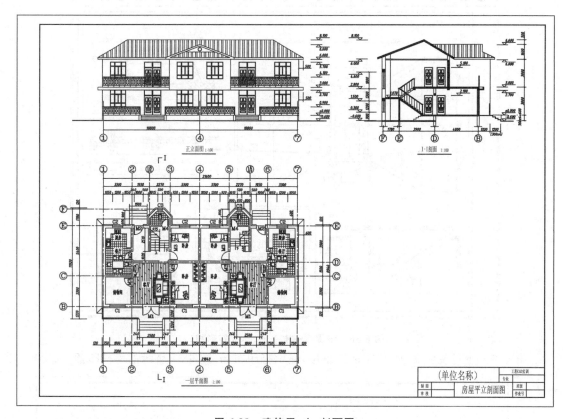

图 6-38　建筑平、立、剖面图

### 1.分析准备

这是单一比例的情况，采用"模型空间标注、模型空间打印"。以毫米为单位按 1∶1 绘制各图，打印比例与图形比例一致，平、立、剖面图均按 1∶100 打印，因此标注样式特征比例设置为 100。

### 2.绘图环境

打开《水利工程 CAD》项目 7 的"建筑图样板.dwt"，开始新图，或按前述项目 7 所述方法重新设置图层、文字样式与标注样式。

### 3.平面图作图要点

平面图尺寸如图 6-39 所示。

步骤 1　绘制轴线。根据平面房间布置，绘制墙体轴线如图 6-40 所示。此处尺寸、轴号是为了标识，读者在练习时不要标注出来，尺寸、轴号在图形完成后统一标注。

步骤 2　绘制墙体。绘制内外墙体，外墙厚 370，内墙厚 240。

首先参考图 6-41 所示元素特性新建两个多线样式，分别用于绘制墙体。墙体绘制完成后如图 6-42 所示。

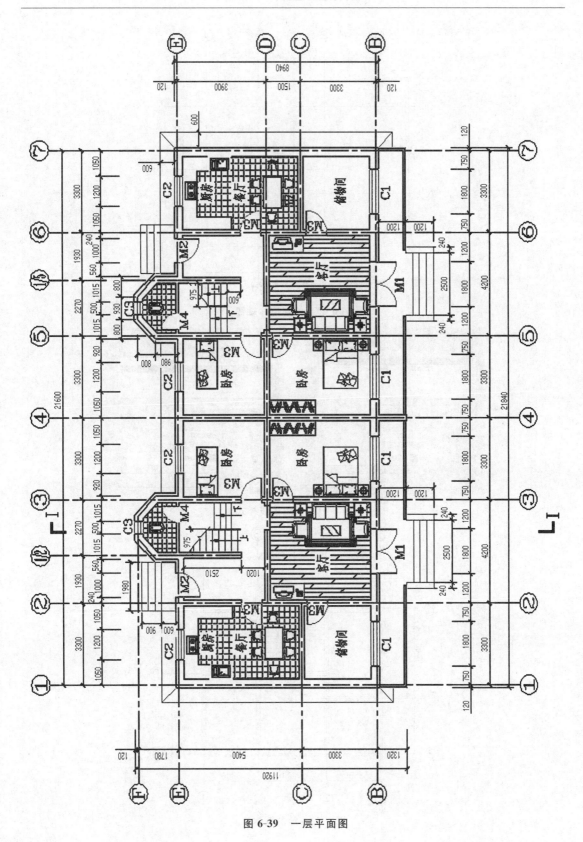

图 6-39　一层平面图

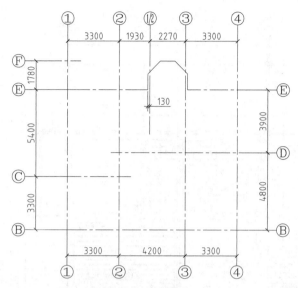

图 6-40　绘制墙体轴线

图 6-41　新建多线样式

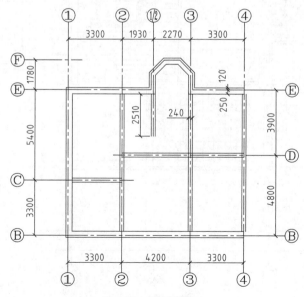

图 6-42　绘制墙体 1

步骤 3　整理墙线。编辑多线,修剪墙体交叉处多余的图线,结果如图 6-43 所示。

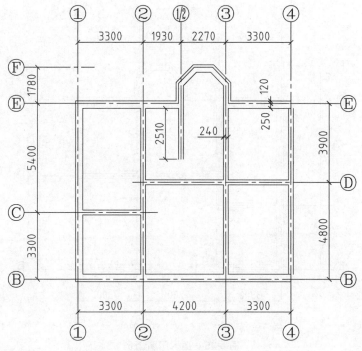

**图 6-43　整理墙线**

步骤 4　门窗开洞。这里采用先分解多线,再根据门窗定形与定位尺寸,利用 OFFSET (偏移)与 TRIM(修剪)命令编辑修剪墙线,结果如图 6-44 所示。

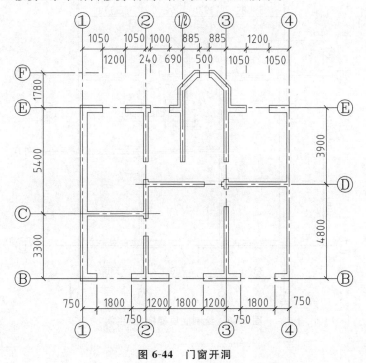

**图 6-44　门窗开洞**

步骤 5　插入门窗图例。插入或直接绘制门窗图例符号,结果如图 6-45 所示。

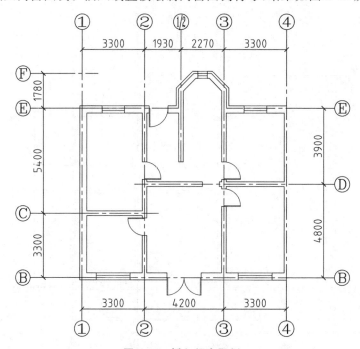

**图 6-45　插入门窗图例**

步骤 6　绘制楼梯、卫生间。参照图 6-46 绘制底层楼梯及卫生间。

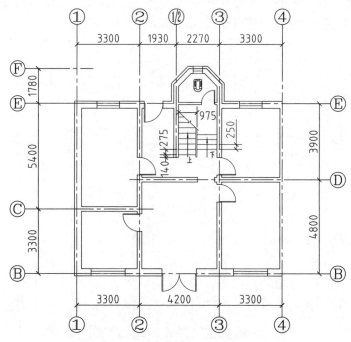

**图 6-46　绘制底层楼梯、卫生间**

步骤 7 镜像。利用 MIRROR(镜像)命令复制得到一层平面的另一半,如图 6-47 所示。

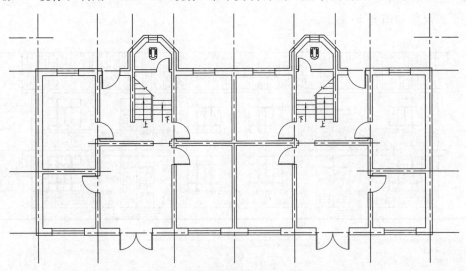

**图 6-47 镜像复制完成平面图**

步骤 8 参照图 6-48 绘制台阶、散水及平台护栏。

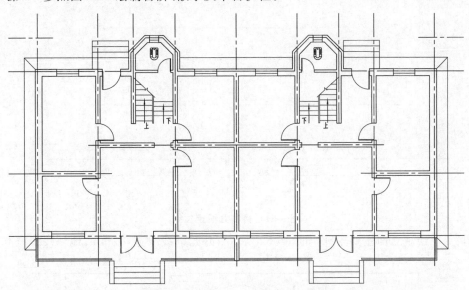

**图 6-48 绘制台阶、散水及平台护栏**

步骤 9 标注。标注尺寸、轴号、标高等,完成平面图。

建筑平面图的轴号水平方向从左至右用数字顺序编号,垂直方向从下至上用字母顺序编号,轴号大小规定如图 6-49 所示。

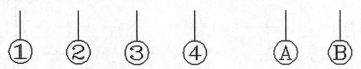

轴号圆圈直径为8mm,字高4.5mm

**图 6-49 轴号**

## 4.立面图作图要点

立面图尺寸如图 6-50 所示。

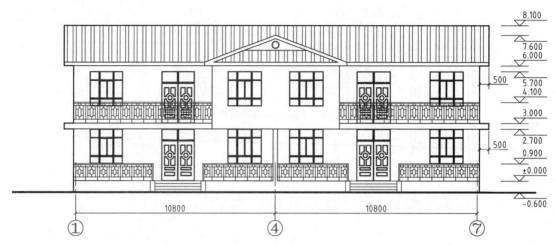

图 6-50　正立面图

步骤 1　绘制立面定位线。绘制地面线与层面线、墙体轴线等,如图 6-51 所示。

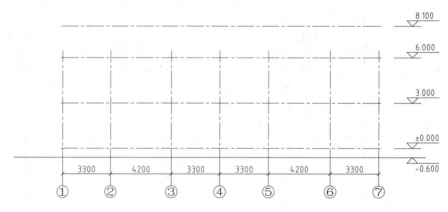

图 6-51　绘制立面定位线

步骤 2　绘制立面主要轮廓,如图 6-52 所示。外轮廓线线宽 0.7mm,地坪线线宽 0.9mm。

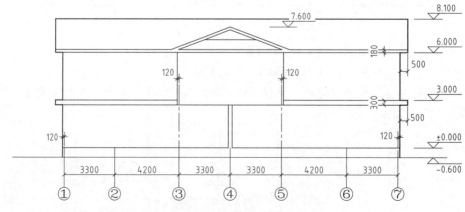

图 6-52　绘制立面主要轮廓

步骤 3　创建立面门窗、阳台图块。参照图 6-53 绘制门窗、阳台立面图形,创建块备用。绘制时控制大尺寸,细部尺寸无须太精确。

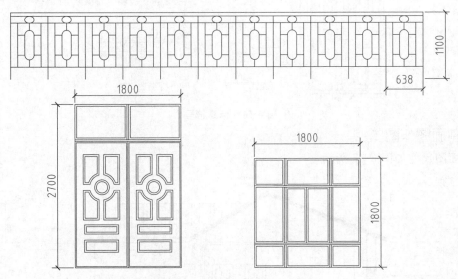

**图 6-53　创建立面门窗、阳台图块**

步骤 4　插入立面门窗、阳台图块,如图 6-54 所示。

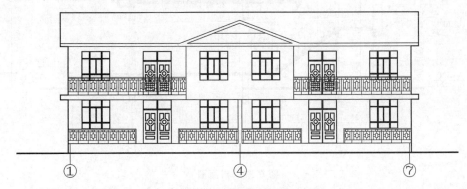

**图 6-54　插入立面门窗、阳台图块**

步骤 5　绘制台阶,填充屋面。采用“steel”图案填充屋面,角度设置为 45°,比例设置为 150,结果如图 6-55 所示。

**图 6-55　绘制台阶,填充屋面**

步骤 6　标注主要轴线尺寸,门窗、阳台、檐口、屋顶标高等,完成立面图,其中标高符号按图 6-56 绘制。

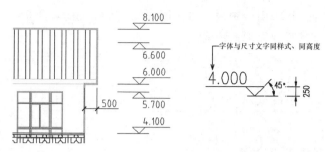

图 6-56　标高符号

## 5.剖面图作图要点

剖面图尺寸如图 6-57 所示。

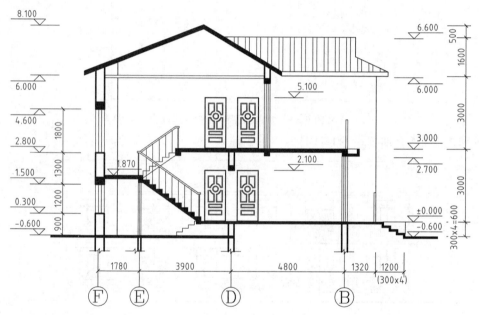

图 6-57　剖面图

步骤 1　绘制剖面定位线。绘制地面线与层面线、墙体轴线等,如图 6-58 所示。

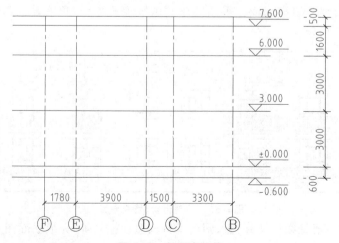

图 6-58　剖面定位线

步骤 2　绘制墙体，如图 6-59 所示。

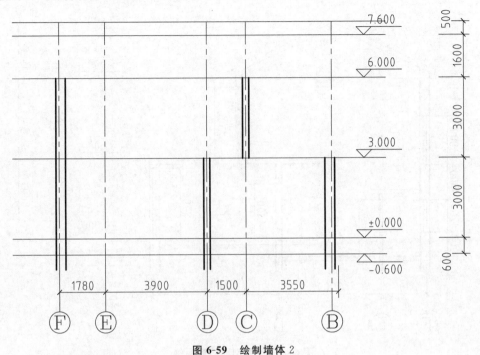

**图 6-59**　绘制墙体 2

步骤 3　绘制楼板、屋面，如图 6-60 所示。

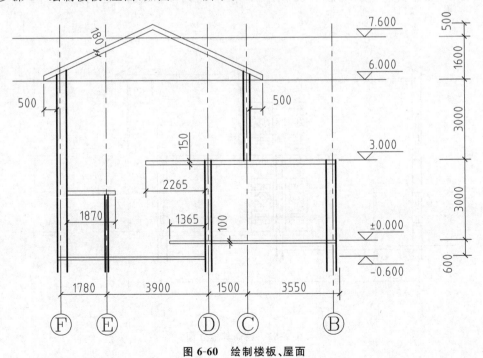

**图 6-60**　绘制楼板、屋面

步骤 4　绘制剖面门窗图例，如图 6-61 所示。

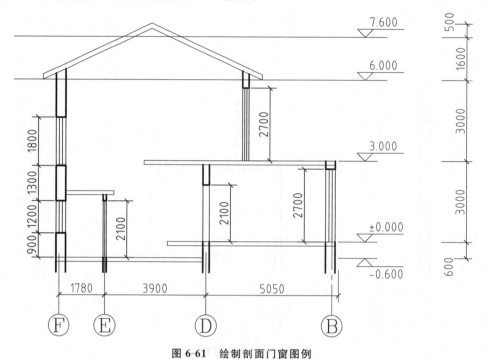

图 6-61　绘制剖面门窗图例

步骤 5　绘制其他立面，如图 6-62 所示。立面门可以参考之前创建的图块后插入。

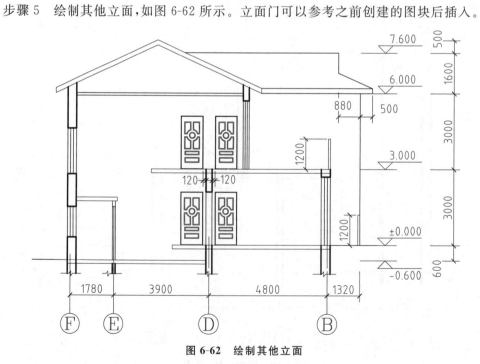

图 6-62　绘制其他立面

步骤 6　绘制楼梯,如图 6-63 所示。

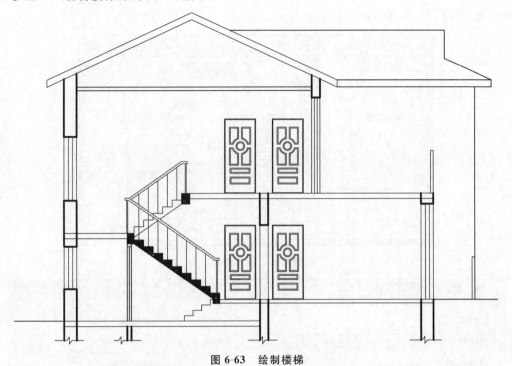

**图 6-63　绘制楼梯**

步骤 7　绘制过梁等。楼板填充,绘制过梁、天沟、台阶,如图 6-64 所示。

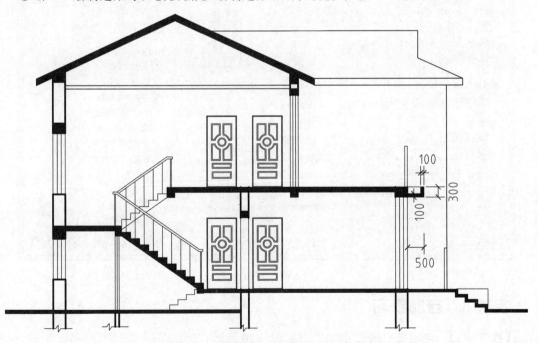

**图 6-64　楼板填充,绘制过梁、天沟、台阶**

步骤 8　标注,完成剖面图。

完成平、立、剖面图后,模型空间以反比例放大,插入 A2 图框,如图 6-65 所示;按图 6-66 所示设置进行打印,预览图如图 6-38 所示。

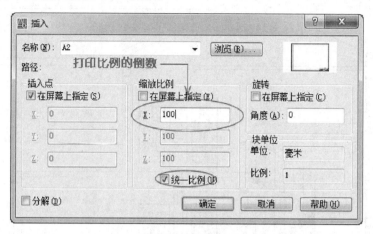

图 6-65　插入图框

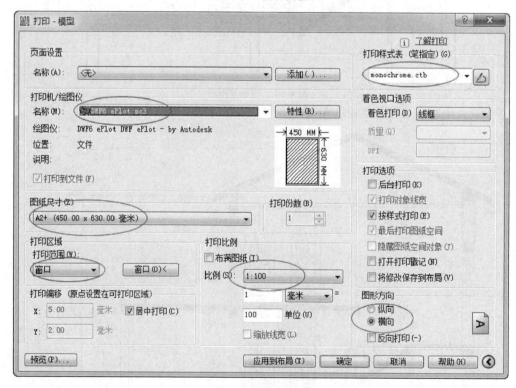

图 6-66　打印设置

## 模块 3　自测练习

【练习 6-1】　自定义图纸尺寸"A2＋(450×630 毫米)"。

【练习 6-2】　绘制如图 6-67 所示的工作桥排架钢筋图。

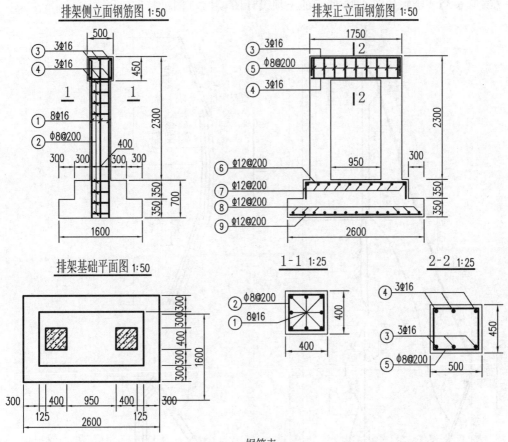

钢筋表

| 编号 | 型 式 | 直径(mm) | 单根长(mm) | 根 数 | 长度(m) | 重量(kg) |
|---|---|---|---|---|---|---|
| ① | 3390 | 16 | 2930 | 16 | 46.88 | 74.07 |
| ② | 330 330 | 8 | 1440 | 28 | 40.32 | 15.93 |
| ③ | 300 1680 300 | 16 | 2190 | 3 | 6.57 | 10.38 |
| ④ | 1680 | 16 | 1680 | 3 | 5.04 | 7.96 |
| ⑤ | 430 380 | 8 | 1740 | 9 | 15.66 | 6.19 |
| ⑥ | 300 1690 300 | 12 | 2530 | 6 | 15.18 | 13.48 |
| ⑦ | 900 | 12 | 900 | 10 | 9 | 7.99 |
| ⑧ | 1500 | 12 | 1500 | 13 | 19.5 | 17.32 |
| ⑨ | 2500 | 12 | 2500 | 9 | 22.5 | 19.98 |
| | | | | | 总重 | 173.29 |

图 6-67　练习 6-2 图

【练习 6-3】　绘制如图 6-68 所示的土坝设计图，用 A3 图纸打印。

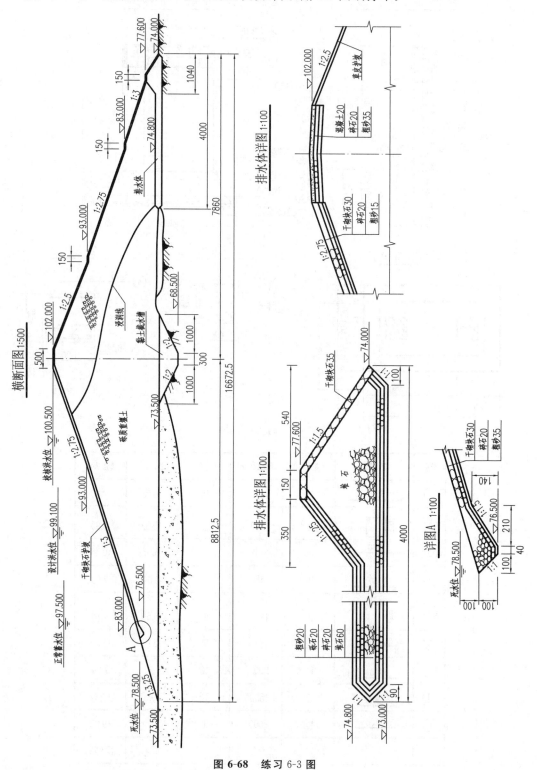

**图 6-68**　练习 6-3 图

**【练习 6-4】**　绘制如图 6-69 所示的涵洞式用水闸结构图,用 A3 图纸打印。

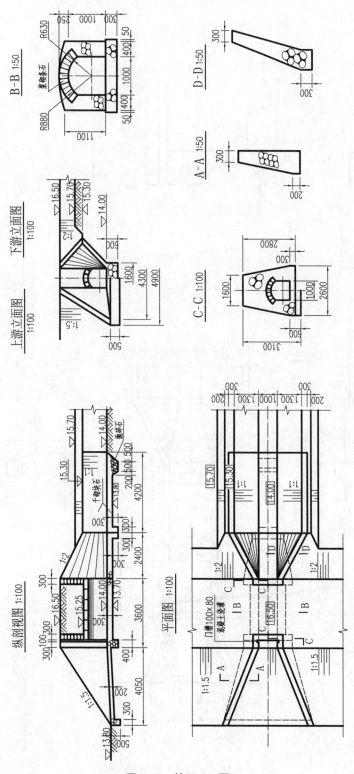

**图 6-69　练习 6-4 图**

**【练习 6-5】**　绘制如图 6-70 所示的跌水结构图,用 A3 图纸打印。

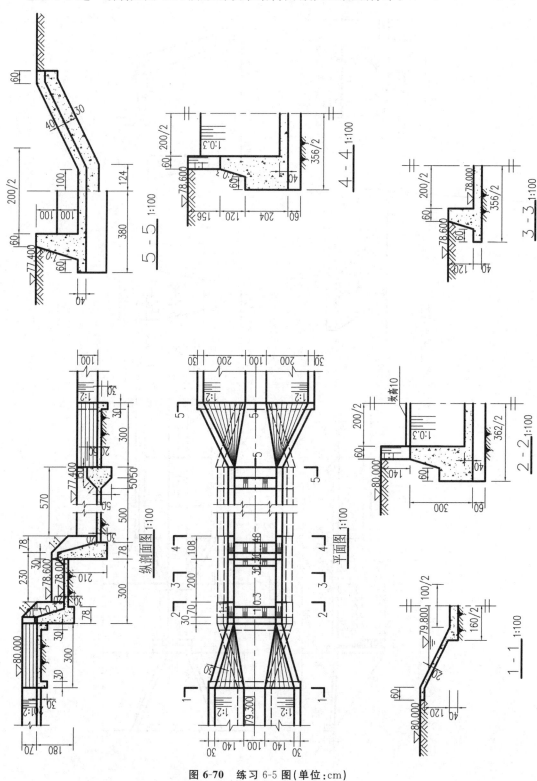

**图 6-70**　练习 6-5 图(单位:cm)

**【练习 6-6】** 绘制如图 6-71 所示的房屋建筑图,用 A3 图纸打印。

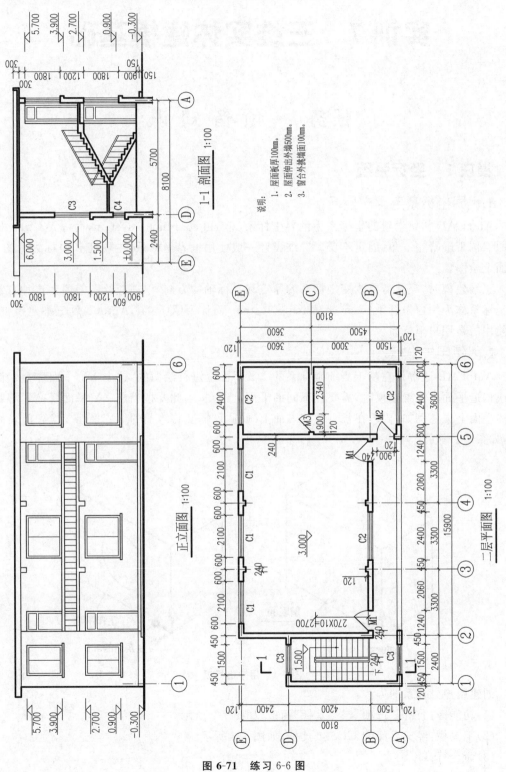

**图 6-71 练习 6-6 图**

# 实训 7    三维实体建模基础

## 任务 1    预 备 知 识

### 模块 1    坐标系统

**1.** 世界坐标系与用户坐标系

AutoCAD 初始设置的坐标系为世界坐标系(world coordinate system,简称 WCS)。坐标系原点位于屏幕左下角,固定不变。二维设计一般使用世界坐标系,主要在 Z 坐标为 0 的 XY 平面上绘图。

三维建模时,经常需要改变坐标系的原点和坐标轴的方向,以适应绘图需要。这种自定义的坐标系称为用户坐标系(user coordinate system,简称 UCS)。在 AutoCAD 三维建模中,主要使用的是用户坐标系。

**2.** 创建用户坐标系

AutoCAD 通常是在基于当前坐标系的 XY 平面上进行绘图的,这个 XY 平面称为工作平面或构造平面。三维建模时,需要在不同的平面上绘图,因此要把当前 XY 平面变换到需要绘图的平面上去。例如,要想在长方体前表面上画圆,就需要将当前的 XY 平面变换到前表面上去,如图 7-1 所示。

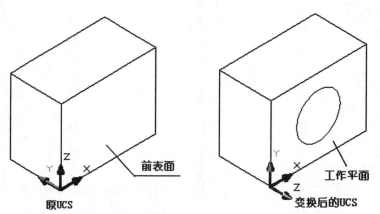

图 7-1    用户坐标系

创建用户坐标系的方法:

(1)功能区:"视图"选项卡→"坐标"面板,如图 7-2 所示。

(2)工具栏:经典界面的 UCS 工具栏,如图 7-3 所示。

(3)命令行:UCS。

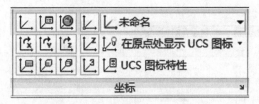

图 7-2   "视图"选项卡"坐标"面板

图 7-3   经典界面的 UCS 工具栏

几个主要的命令按钮功能介绍如下。

WCS:将当前用户坐标系设置为世界坐标系。

面:将选定的实体平面作为 UCS 的 XY 平面。

原点:通过移动原点来定义新的 UCS。

三点:使用三个点定义新的 UCS。

X:绕 X 轴旋转 UCS。

Y:绕 Y 轴旋转 UCS。

Z:绕 Z 轴旋转 UCS。

**3.动态 UCS**

使用动态 UCS 功能,可以在创建对象时使 UCS 的 XY 平面自动与实体模型上的平面临时对齐。动态 UCS 开关如图 7-4 所示。

图 7-4   动态 UCS 开关          图 7-5   右手定则

**4.右手定则**

在 UCS 设置过程中,常常要确定 Z 轴的正向及绕某轴旋转时的正旋转方向。如图 7-5 所示,判断方法如下。

Z 轴正向:拇指指向 X 轴的正方向,伸出食指和中指,食指指向 Y 轴的正方向,中指所指示的方向即是 Z 轴的正方向。

正旋转方向:要确定某个轴的正旋转方向,则用右手的大拇指指向该轴的正方向并弯曲其他四个手指,右手四指所指示的方向即是轴的正旋转方向。

## 模块 2   三维观察

**1.轴测观察**

AutoCAD 预设了 6 种基本视图和 4 种轴测视图,选择"视图"选项卡"视图"面板,如图 7-6 所示。系统的默认视图设置为"俯视"。当需要观察模型的轴测视图时,可以从视图列表中选择"东南等轴测"或"西南等轴测"来观察模型。

图 7-6　"视图"选项卡"视图"面板

经典界面下使用"视图"工具栏来观察视图,如图 7-7 所示。

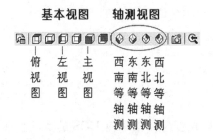

图 7-7　经典界面的"视图"工具栏

图 7-8 所示的是长方体的俯视图和西南等轴测视图。

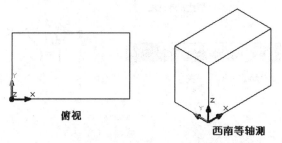

图 7-8　长方体的俯视图与西南等轴测视图

**2.动态观察**

单击功能区"视图"选项卡"导航"面板动态观察按钮,可以动态、交互式、直观地观察三维模型,如图 7-9 所示。

图 7-9　"视图"选项卡"导航"面板

### 3.多视口观察

单击"视图"选项卡"视口"面板上的"新建"按钮,打开如图 7-10 所示对话框,从中设置需要的视口。启动 AutoCAD 时,系统默认的绘图区域是一个单一视口,图 7-11 所示的是一个多视口视图的例子。

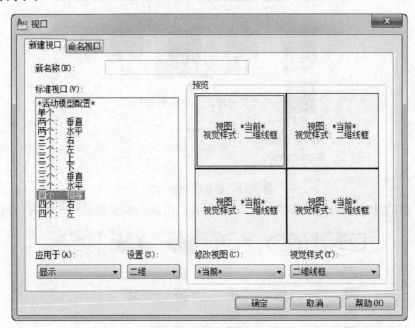

图 7-10　"视口"对话框

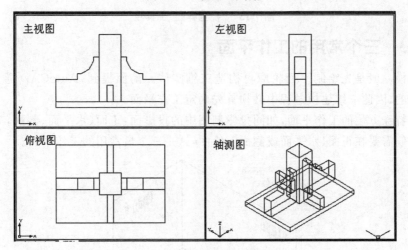

图 7-11　多视口、多方向观察

### 4.视觉样式

三维模型可以显示不同的视觉效果,AutoCAD 提供了 5 种视觉样式,默认显示为"二维线框"。单击"常用"选项卡"视图"面板上的"视觉样式",可打开"视觉样式"下拉列表框,如图 7-12所示。

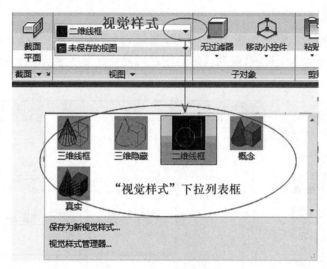

图 7-12　功能区视觉样式

经典界面的"视觉样式"工具栏如图 7-13 所示。在低版本中视觉样式称为"着色"。

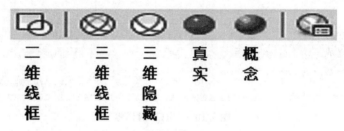

图 7-13　"视觉样式"工具栏

## 模块 3　三个常用的工作平面

三维建模一般是先绘制平面轮廓再构造三维实体。前面提到，AutoCAD 通常是在工作平面上绘图的，因此三维建模过程中必须首先确定工作平面。

有三个特殊方位的工作平面，如同投影制图中的投影面：正面、水平面、侧面，如图 7-14 所示。很多时候需要在正面、水平面或侧面上绘图，这是三个最常用的工作平面。

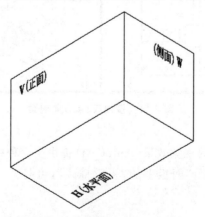

图 7-14　三个常用的工作平面

设置工作平面为水平面、正面、侧面的两种方法如下。

## 1.通过旋转 UCS 设置工作平面

水平面:水平面是 AutoCAD 默认的工作平面,WCS 的 XY 平面就是水平面。

正面:绕 WCS 的 X 轴旋转 90°,正面就成为工作平面。

侧面:绕 WCS 的 X 轴旋转 90°,再绕 Y 轴旋转-90°,侧面就成为工作平面。

以上操作参见图 7-15。

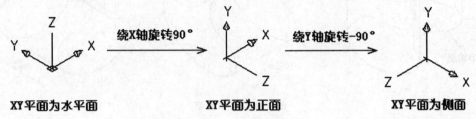

图 7-15  三个常用的 UCS

## 2.通过视图变换设置工作平面

在变换基本视图方向的时候,当前 UCS 会随着变换过去,也就是说,当前的视图平面与 UCS 的 XY 平面平行。因此,可以通过视图命令来设置工作平面。

(1)▣前视图:设置绘图平面为正面。

(2)▣俯视图:设置绘图平面为水平面。

(3)▣左视图:设置绘图平面为侧面。

# 任务 2  拉 伸 实 体

## 模块 1  知识链接

AutoCAD 可以将一个封闭的多段线(或面域)图形作为截面,通过拉伸命令创建成三维实体。调用拉伸命令的方法如下。

(1)功能区:"常用"选项卡→"建模"面板→"拉伸"按钮▣(使用三维建模界面)。

(2)工具栏:"建模"工具栏→"拉伸"按钮▣(使用经典界面)。

(3)命令行:EXTRUDE(EXT)。

命令行提示与操作如下。

| | |
|---|---|
| 命令:EXTRUDE | ;输入命令 |
| 当前线框密度: ISOLINES=4 | |
| 选择要拉伸的对象:找到 1 个 | ;选择拉伸对象 |
| 选择要拉伸的对象: | ;回车,结束选择 |
| 指定拉伸的高度或[方向(D)/路径(P)/倾斜角(T)]: | ;指定拉伸高度或输入选项 |

### 1.拉伸高度

指定拉伸高度时,如果输入正值,将沿对象所在坐标系的 Z 轴正方向拉伸对象。如果输入负值,将沿 Z 轴负方向拉伸对象。

默认情况下,将沿对象的法线方向拉伸平面对象。平面对象在水平面上时,拉伸是沿上下方向的；平面对象在正面上时，拉伸是沿前后方向的；平面对象在侧面上时，拉伸是沿左右方向的，如图 7-16 所示。

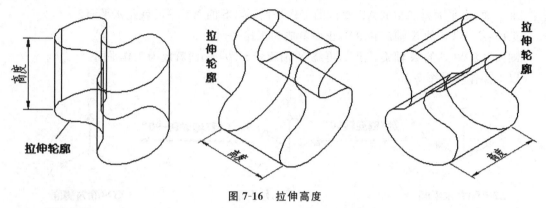

图 7-16   拉伸高度

### 2.倾斜角

命令：EXTRUDE

当前线框密度： ISOLINES＝4

选择要拉伸的对象：找到 1 个

选择要拉伸的对象：

指定拉伸的高度或［方向(D)/路径(P)/倾斜角(T)]：t     ;选择选项"倾斜角(T)"

指定拉伸的倾斜角度：         ;输入角度

指定拉伸的高度或［方向(D)/路径(P)/倾斜角(T)]：   ;输入高度

拉伸时的倾斜角度为正角度，表示从基准对象逐渐变细地拉伸，而为负角度，则表示从基准对象逐渐变粗地拉伸，如图 7-17 所示。默认角度为 0°，表示在与二维对象所在平面垂直的方向上进行拉伸。

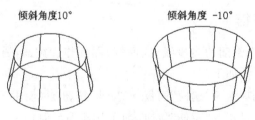

图 7-17   拉伸的倾斜角

### 3.拉伸路径

命令：EXTRUDE

当前线框密度： ISOLINES＝4

选择要拉伸的对象：找到 1 个

选择要拉伸的对象：

指定拉伸的高度或［方向(D)/路径(P)/倾斜角(T)]：p   ;选择选项"路径(P)"

选择拉伸路径或［倾斜角(T)]：             ;选择路径对象

拉伸路径可以是直线、圆、圆弧、椭圆、椭圆弧、多段线或样条曲线。路径既不能与轮廓共面，也不能具有高曲率的区域。沿路径拉伸实例如图 7-18 所示。

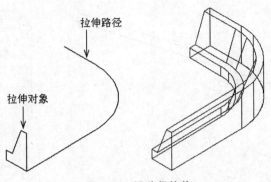

图 7-18　沿路径拉伸

## 模块 2　实例指导

【例 7-1】　根据两视图创建柱排架,如图 7-19 所示。

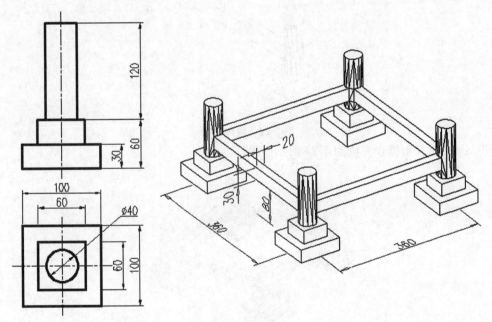

图 7-19　柱排架

步骤 1　在 WCS 的 XY 平面上绘制拉伸轮廓:100×100 矩形、60×60 矩形、360×20 矩形、R20 圆形,如图 7-20 所示。

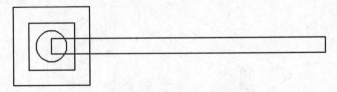

图 7-20　绘制拉伸轮廓

步骤 2　切换视图为"西南等轴测",利用特性窗口将 60×60 矩形的标高修改为 30,小圆的 Z 坐标修改为 60,360×20 矩形的标高修改为 80,如图 7-21 所示。

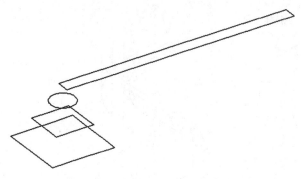

**图 7-21  修改标高**

步骤 3  按各部分高度尺寸拉伸平面轮廓,结果如图 7-22 所示。

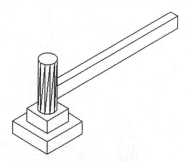

**图 7-22  拉伸轮廓**

步骤 4  用复制操作完成图 7-23 所示图形。

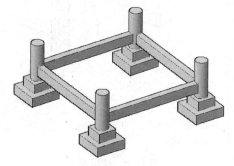

**图 7-23  复制**

【**例 7-2**】  用拉伸创建小院围墙模型,如图 7-24 所示。

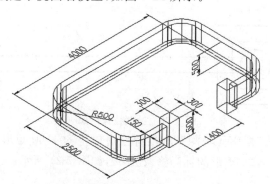

**图 7-24  小院围墙**

步骤 1  在 WCS 的 XY 平面上绘制围墙及门柱轮廓,注意编辑成闭合多段线,如图 7-25 所示。

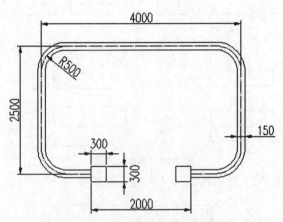

图 7-25  绘制围墙及门柱轮廓

步骤 2  拉伸围墙,高度为 500;拉伸门柱,高度为 600,如图 7-26 所示。

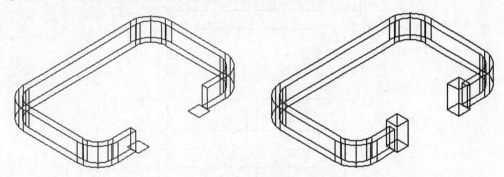

图 7-26  拉伸

注:也可沿路径拉伸创建小院围墙,如图 7-27 所示。

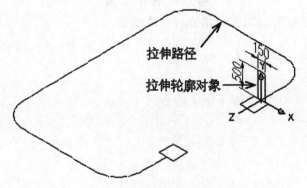

图 7-27  沿路径拉伸小院围墙

## 模块 3  自测练习

【练习 7-1】  根据图 7-28 所示各组两视图创建其三维模型,尺寸自定。

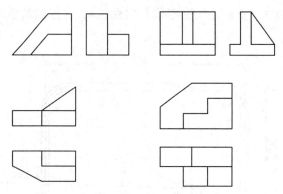

图 7-28　练习 7-1 图

【**练习 7-2**】　根据图 7-29 所示视图尺寸创建三维模型。

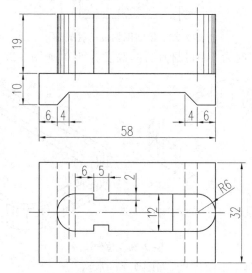

图 7-29　练习 7-2 图

【**练习 7-3**】　创建如图 7-30 所示的立柱三维模型。

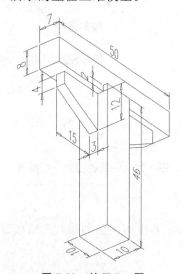

图 7-30　练习 7-3 图

【练习7-4】 创建如图 7-31 所示的柱基三维模型。

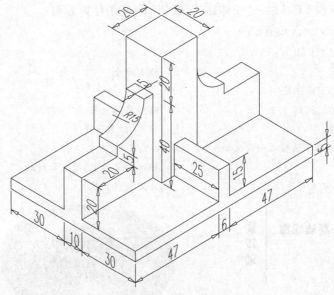

图 7-31　练习 7-4 图

【练习7-5】 创建如图 7-32 所示的简单组合体三维模型。

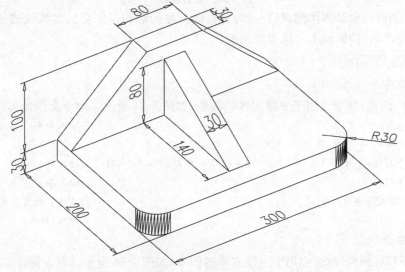

图 7-32　练习 7-5 图

# 任务3　旋 转 实 体

## 模块1　知识链接

### 1.旋转命令 REVOLVE

AutoCAD 可以将一个封闭的多段线（或面域）图形作为截面,通过旋转命令创建成三维实体,如图 7-33 所示。调用旋转命令的方法如下。

（1）功能区："常用"选项卡→"建模"面板→"旋转"按钮 🔄（使用三维建模界面）。

（2）工具栏："建模"工具栏→"拉伸旋转"按钮 🔄（使用经典界面）。

（3）命令行：REVOLVE（REV）。

命令行提示与操作如下：

命令：REVOLVE                                    ;输入命令

当前线框密度： ISOLINES=4

选择要旋转的对象:找到 1 个                      ;选择旋转对象

选择要旋转的对象:                               ;回车,结束选择

指定轴起点或根据以下选项之一定义轴[对象(O)/X/Y/Z]＜对象＞:

指定轴端点:                                     ;依次指定两点,定义旋转轴

指定旋转角度或[起点角度(ST)]＜360＞:            ;指定旋转角度

**图 7-33　旋转实体**

注:旋转剖面轮廓是实体剖面的一半;旋转剖面轮廓必须是闭合的多段线或面域;旋转轴不能在旋转轮廓内;旋转轴不一定要画出来。

### 2.实体圆角与倒角

#### 1)圆角命令

FILLET（圆角）命令也用于三维实体的圆角,如图 7-34 所示。命令操作如下。

命令：FILLET                                              ;输入命令

当前设置:模式 = 修剪,半径 = 0.0000

选择第一个对象或[放弃(U)/多段线(P)/半径(R)/修剪(T)/多个(M)]:;选择边

输入圆角半径:                                            ;输入半径

选择边或[链(C)/半径(R)]:                                 ;选择其他需圆角的边

……                                                     ;回车,结束

#### 2)倒角命令

CHAMFER（倒角）命令也用于三维实体的倒角,如图 7-34 所示。命令操作如下。

命令：CHAMFER

("修剪"模式) 当前倒角距离 1 = 0.0000,距离 2 = 0.0000

选择第一条直线或[放弃(U)/多段线(P)/距离(D)/角度(A)/修剪(T)/方式(E)/多个(M)]:

基面选择...                            ;选择基准面

输入曲面选择选项[下一个(N)/当前(OK)]＜当前＞:

指定基面的倒角距离:20                  ;指定基准面的倒角距离

指定其他曲面的倒角距离 ＜20.0000＞:    ;指定其他面的倒角距离

选择边或[环(L)]:                       ;选择边

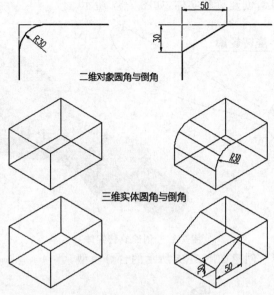

图 7-34　实体圆角与倒角

# 模块 2　实例指导

【例 7-3】　用旋转命令创建手柄模型，如图 7-35 所示。

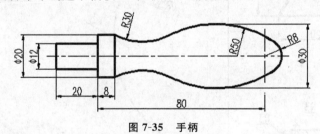

图 7-35　手柄

步骤 1　新建 2d 图层，在该图层绘制轮廓线框，如图 7-36 所示。

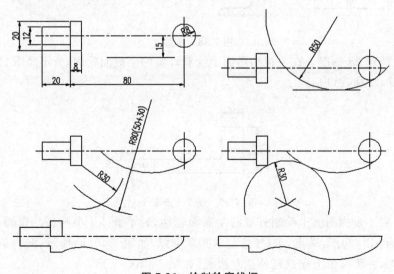

图 7-36　绘制轮廓线框

步骤 2　新建 3d 图层,创建旋转实体,如图 7-37 所示。

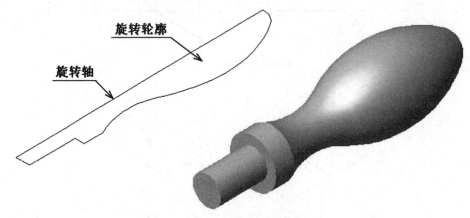

图 7-37　创建旋转实体

【例 7-4】　用旋转命令创建如图 7-38 所示的台灯模型。

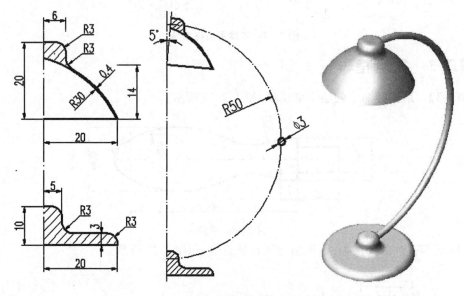

图 7-38　台灯

步骤 1　新建 2d 图层。在主视构图面上绘制灯座的半截面轮廓,暂不画 R3 圆弧,待创建实体后作圆角,如图 7-39 所示。

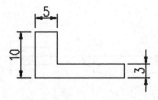

图 7-39　例 7-4 步骤 1

步骤 2　在主视构图面上绘制灯罩的半截面轮廓,暂不画 R3 小圆弧。先画直线部分,如图 7-40(a)所示;以"起点,端点,半径"绘制 R30.4 圆弧,如图 7-40(b)所示;向内偏移圆弧 0.4,得到 R30 圆弧,并将圆弧上端点延伸至左边线,如图 7-40(c)所示。

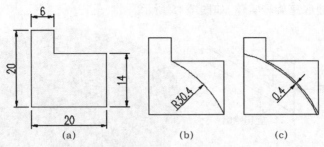

**图 7-40　例 7-4 步骤 2**

步骤 3　设置 3d 图层,在 3d 图层创建底座剖面边界,结果如图 7-41 所示。

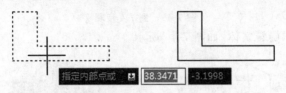

**图 7-41　例 7-4 步骤 3**

步骤 4　在 3d 图层创建灯罩剖面边界,如图 7-42 所示。

步骤 5　关闭 2d 图层,屏幕只显示底座和灯罩的旋转剖面轮廓,如图 7-43 所示。

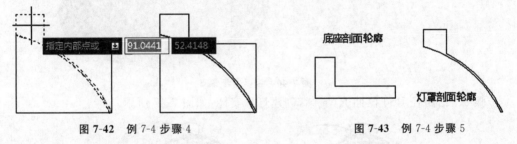

**图 7-42　例 7-4 步骤 4**　　　　　　　　　　　　**图 7-43　例 7-4 步骤 5**

步骤 6　在主视构图面绘制 R50 圆弧,调整灯座与灯罩的位置,如图 7-44(a)所示;在左视构图面绘制 R1.5 圆,圆心置 R50 圆弧端点,如图 7-44(b)所示。

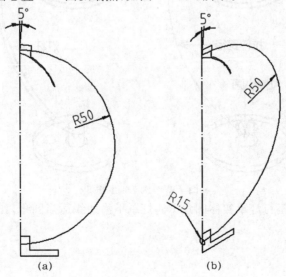

**图 7-44　例 7-4 步骤 6**

步骤 7 创建底座旋转实体,如图 7-45 所示。

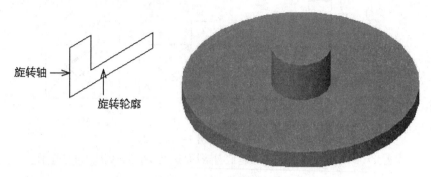

图 7-45 例 7-4 步骤 7

步骤 8 创建灯罩旋转实体,如图 7-46 所示。

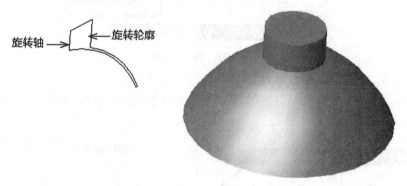

图 7-46 例 7-4 步骤 8

步骤 9 沿路径 R50 拉伸 R1.5 圆,创建灯杆实体,如图 7-47 所示。

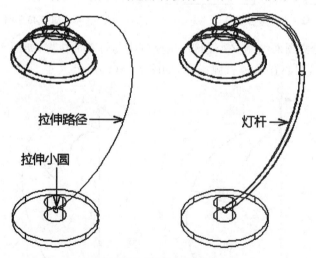

图 7-47 例 7-4 步骤 9

步骤 10 创建底座与灯罩实体圆角 R3,灯罩下沿边缘适当圆角,如图 7-48 所示。

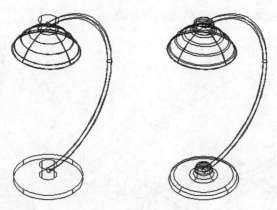

图 7-48　例 7-4 步骤 10

# 模块 3　自测练习

【练习 7-6】　创建如图 7-49 所示的顶尖三维模型。

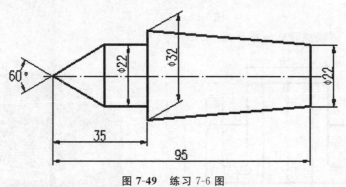

图 7-49　练习 7-6 图

【练习 7-7】　创建如图 7-50 所示的台灯三维模型。

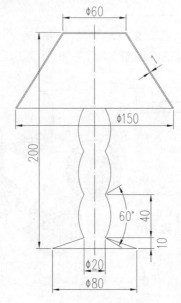

图 7-50　练习 7-7 图

【练习 7-8】　创建如图 7-51 所示的小瓶三维模型。

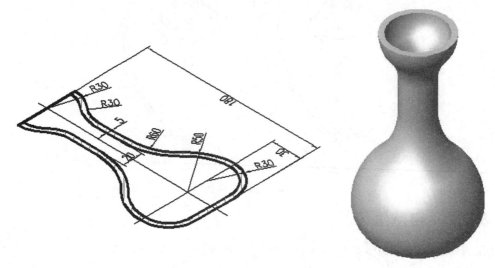

图 7-51　练习 7-8 图

【练习 7-9】　创建旋转体三维模型,如图 7-52 所示。

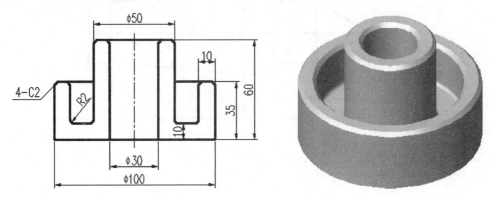

图 7-52　练习 7-9 图

【练习 7-10】　创建石桌凳组三维模型,如图 7-53 所示。

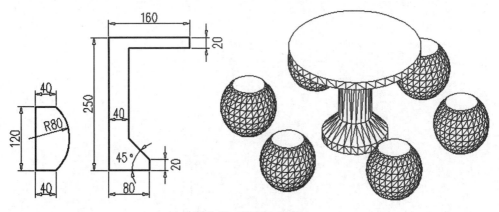

图 7-53　练习 7-10 图

# 任务 4　实体编辑

## 模块 1　知识链接

### 1.布尔运算

布尔运算可以实现实体间的并、差、交集运算,调用布尔运算命令的方法如下。

(1)功能区:"常用"选项卡→"实体编辑"面板→并、差、交命令按钮(使用三维建模界面),如图 7-54 所示。

(2)工具栏:"实体编辑"工具栏→并、差、交命令按钮(使用经典界面),如图 7-55 所示。

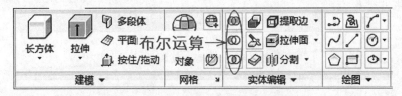

图 7-54　功能区"实体编辑"面板布尔运算

图 7-55　工具栏"实体编辑"布尔运算

### 1)并集

实体的并集用于把几个实体组合起来成为一个新的实体,如图 7-56 所示。不相交的实体也可以求并集。

命令行:UNION(UNI)。

命令操作很简单,输入命令,选择合并对象,回车结束。

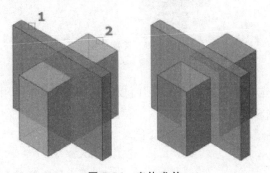

图 7-56　实体求并

### 2)差集

实体的差集用于从实体中减去另外的实体,从而创建新的实体,如图 7-57 所示。

命令行:SUBTRACT(SU)。

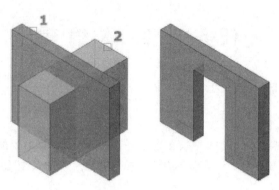

图 7-57　实体求差

命令行显示如下。

命令:SUBTRACT

选择要从中减去的实体、曲面和面域…

选择对象:找到 1 个　　　　　;选择被减的实体,之后回车

选择对象:　选择要减去的实体、曲面和面域…

选择对象:找到 1 个　　　　　;选择要减的实体

选择对象:　　　　　　　　;回车结束

### 3)交集

实体的交集用于将实体的公共相交部分创建为新的实体,如图 7-58 所示。

命令行:INTERSECT(IN)。

命令操作很简单,输入命令,选择求交集的各对象,回车结束。

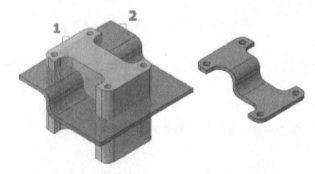

图 7-58　实体求交

## 2.剖切

(1)功能区:"常用"选项卡→"实体编辑"面板→剖切按钮（使用三维建模界面）。

(2)命令行:SLICE(SL)。

将图 7-59 所示立体过轴线剖切,操作如下。

命令:SLICE　　　　　　　　　　　　　　;输入命令

选择对象:找到 1 个　　　　　　　　　　;选择剖切对象,回车

选择对象:　指定切面上的第一个点,依照[对象(O)/Z 轴(Z)/视图(V)/XY 平面(XY)/YZ

平面(YZ)/ZX 平面(ZX)/三点(3)]＜三点＞:yz　;选择 YZ 坐标面

指定 YZ 平面上的点 ＜0,0,0＞:　　　　　　;指定剖切面的通过点

在要保留的一侧指定点或[保留两侧(B)]:　　　;保留一侧

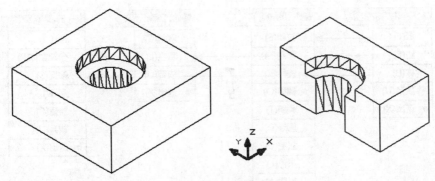

图 7-59　实体剖切

### 3.编辑实体的面、边、体

可以通过编辑实体面、边来修改实体的形状。调用实体编辑命令的方法如下。

（1）功能区："常用"选项卡→"实体编辑"面板→边、面体按钮（使用三维建模界面），如图 7-60 所示。

（2）工具栏："实体编辑"工具栏，如图 7-61 所示。

（3）命令行：SOLIDEDIT，如图 7-62 所示。

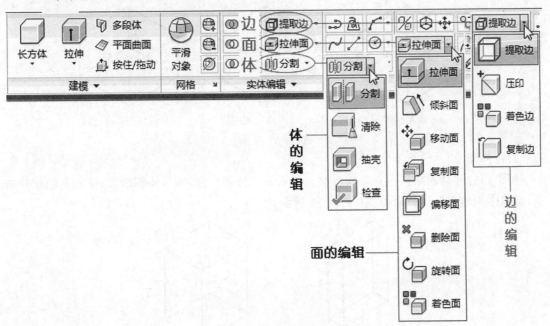

图 7-60　功能区实体编辑

图 7-61　工具栏实体编辑

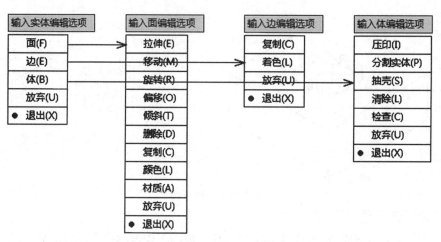

图 7-62　实体编辑命令行选项

实体编辑选项很多,这里只介绍以下 3 种。

**1)压印**

压印如图 7-63 所示。

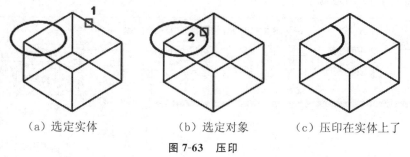

（a）选定实体　　　　　（b）选定对象　　　　（c）压印在实体上了

图 7-63　压印

**2)拉伸面**

可以通过移动面来更改对象的形状。输入正的拉伸高度,实体体积增加;输入负的拉伸高度,实体体积减小。拉伸面操作如图 7-64 所示。

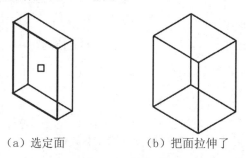

（a）选定面　　　　　（b）把面拉伸了

图 7-64　拉伸面

**3)抽壳**

抽壳是用指定的厚度创建一个中空的薄壁,如图 7-65 所示。

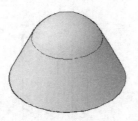

图 7-65　抽壳

## 模块 2　实例指导

【例 7-5】　创建小房子模型，如图 7-66 所示。

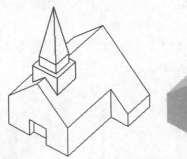

图 7-66　小房子

步骤 1　在水平面上绘制拉伸轮廓，拉伸高度为 64，如图 7-67 所示。

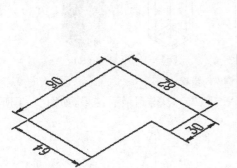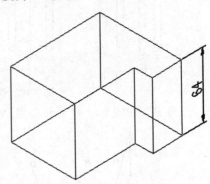

图 7-67　例 7-5 步骤 1

步骤 2　分别以 A、B、C 三点和 A、B、D 三点剖切实体，得到结果如图 7-68 所示。

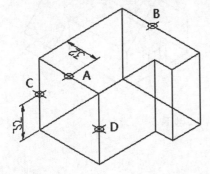

图 7-68　例 7-5 步骤 2

步骤 3　创建几个长方体,如图 7-69 所示。

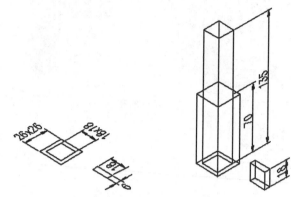

图 7-69　例 7-5 步骤 3

步骤 4　按图 7-70(a)所示尺寸,将柱体剖切 4 次,之后求并。也可以剖切 1 次之后,环形阵列 4 个,再对这 4 个对象求交,得到同样结果。

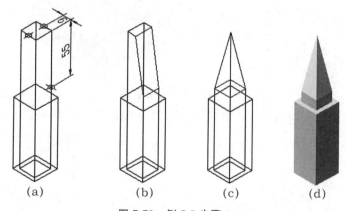

(a)　　　　　　(b)　　　　　　(c)　　　　　　(d)

图 7-70　例 7-5 步骤 4

步骤 5　先将 B 原位复制 1 次后作差集 A－B、B－C,得到最后结果,如图 7-71 所示。

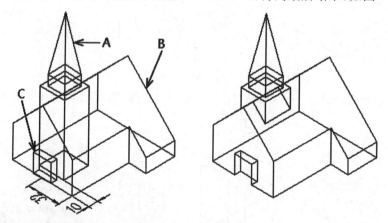

图 7-71　例 7-5 步骤 5

【**例 7-6**】 创建烟灰缸模型,如图 7-72 所示。

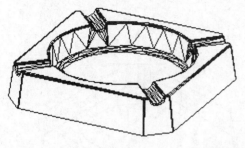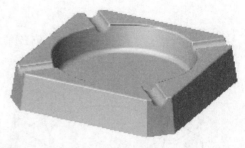

图 7-72 烟灰缸

步骤 1 在 WCS 的 XY 平面上绘制两个 $100 \times 100$ 矩形,再倒角 $12 \times 12$;拉伸高度为 20,角度为 8°,如图 7-73 所示。

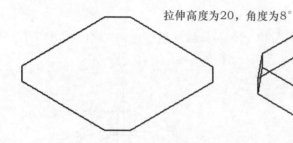

拉伸高度为20,角度为8°

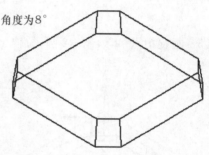

图 7-73 例 7-6 步骤 1

步骤 2 在顶面中心绘制 R40 圆,向下拉伸高度为 15、角度为 10°的倒圆台,如图 7-74 所示。

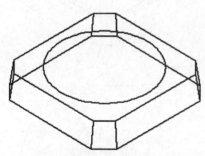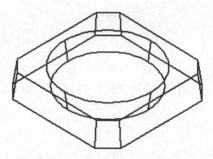

图 7-74 例 7-6 步骤 2

步骤 3 作差集,如图 7-75 所示。

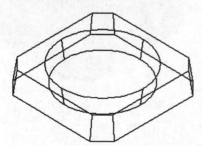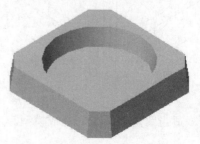

图 7-75 例 7-6 步骤 3

步骤 4　用 🔲 设定 UCS,捕捉中点 A、B 作为 Z 轴,结果如图 7-76 所示。

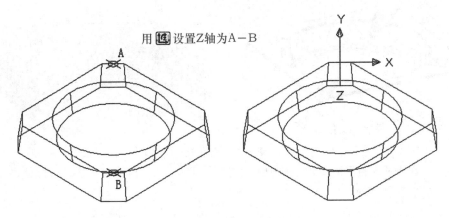

图 7-76　例 7-6 步骤 4

步骤 5　捕捉中点 A,绘制 R2 圆,拉伸 120,拉伸面使后端延伸 5,结果如图 7-77 所示。

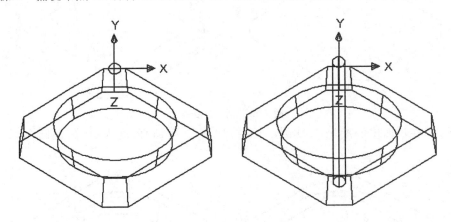

图 7-77　例 7-6 步骤 5

步骤 6　返回 WCS,捕捉中点 C、D,镜像复制小圆柱,再求差集,得到结果如图 7-78 所示。

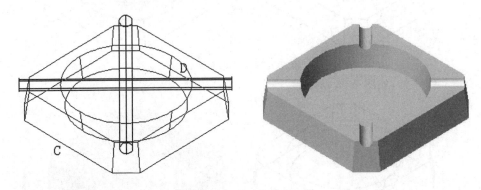

图 7-78　例 7-6 步骤 6

步骤 7　适当圆角 R1~R3,完成模型。

【**例 7-7**】　利用拉伸、压印、拉伸面、着色面、圆角创建如图 7-79 所示模型。

图 7-79　奖牌

步骤 1　打开 2d 线框图,将椭圆中心沿 Z 轴上移 0.1,如图 7-80 所示。

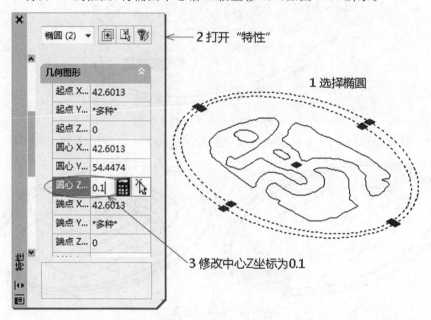

图 7-80　例 7-7 步骤 1

步骤 2　向下拉伸大椭圆 0.5,再压印小椭圆,如图 7-81 所示。

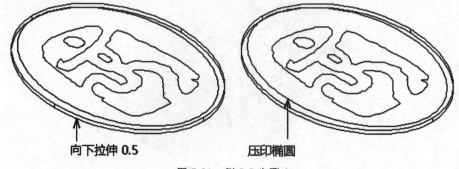

图 7-81　例 7-7 步骤 2

步骤 3  拉伸面,将小椭圆面向下拉伸 0.1,如图 7-82 所示。

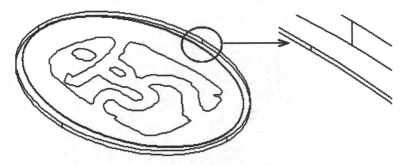

图 **7-82**  例 7-7 步骤 3

步骤 4  压印,如图 7-83 所示。

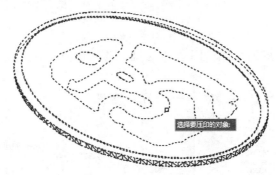

图 **7-83**  例 7-7 步骤 4

步骤 5  拉伸面(选择 1~4 各区域),向下拉伸高度为－0.1,如图 7-84 所示。

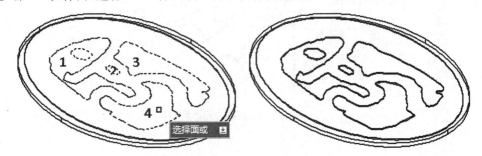

图 **7-84**  例 7-7 步骤 5

步骤 6  着色面,完成模型,如图 7-85 所示。

图 **7-85**  例 7-7 步骤 6

【例 7-8】　利用旋转、抽壳命名创建如图 7-86 所示模型。

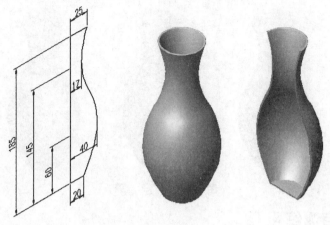

图 7-86　花瓶

步骤 1　在主视构图面上按尺寸绘制各直线段,绘制 ABCD 多段线,删除多余直线,编辑 ABCD 为样条曲线,再创建边界以便旋转,如图 7-87 所示。

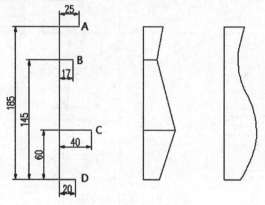

图 7-87　例 7-8 步骤 1

步骤 2　旋转,如图 7-88 所示。

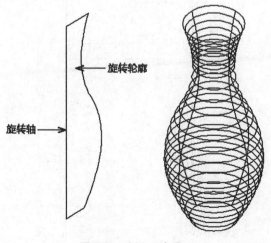

图 7-88　例 7-8 步骤 2

步骤 3　实体抽壳,壁厚为 3,适当圆角,完成模型,如图 7-89 所示。

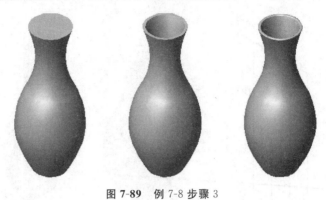

图 7-89　例 7-8 步骤 3

## 模块 3　自测练习

【练习 7-11】根据图 7-90 所示各组两视图创建三维模型,尺寸自定。

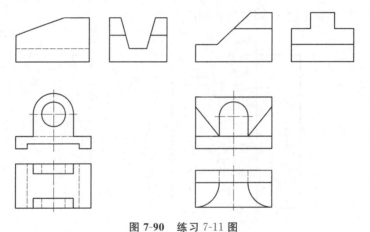

图 7-90　练习 7-11 图

【练习 7-12】根据图 7-91 所示视图尺寸创建三维模型。

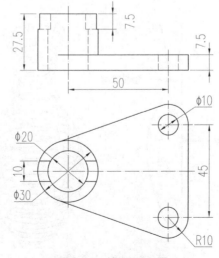

图 7-91　练习 7-12 图

【练习 7-13】　根据闸室三视图创建三维模型,如图 7-92 所示。

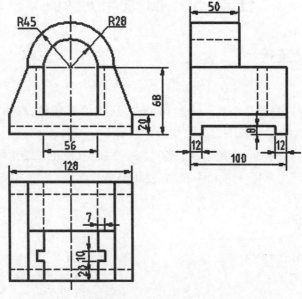

图 7-92　练习 7-13 图

【练习 7-14】　创建如图 7-93 所示三维模型。

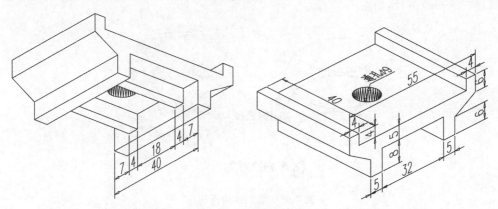

图 7-93　练习 7-14 图

【练习 7-15】　将例 7-6 创建的烟灰缸底部作抽壳,壁厚为 2～3,如图 7-94 所示。

图 7-94　练习 7-15 图

# 任务 5　扫掠与放样

## 模块 1　知识链接

**1.扫掠**

AutoCAD 可以通过扫掠命令将一个封闭的多段线(或面域)图形作为截面,沿指定的路径绘制实体,如图 7-95 所示。调用扫掠命令的方法如下。

(1)功能区:"常用"选项卡→"建模"面板→  命令按钮(使用三维建模界面)。

(2)工具栏:"建模"工具栏→  命令按钮(使用经典界面)。

(3)命令行:SWEEP。

命令行提示与操作如下。

| | |
|---|---|
| 命令:_sweep | ;输入命令 |
| 当前线框密度: ISOLINES=4 | |
| 选择要扫掠的对象:找到 1 个 | ;选择扫掠对象 |
| 选择要扫掠的对象: | |
| 选择扫掠路径或[对齐(A)/基点(B)/比例(S)/扭曲(T)]: | ;选择扫掠路径 |

(1)三维扫掠路径,如图 7-95 所示。

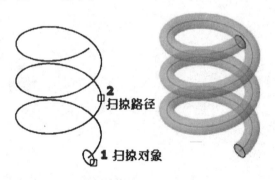

图 7-95　沿三维路径扫掠

(2)开放的扫掠路径,如图 7-96 所示,路径是水平面上的开放多段线。

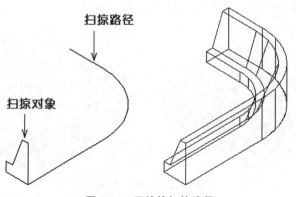

图 7-96　开放的扫掠路径

（3）闭合的扫掠路径，如图 7-97 所示，路径是水平面上的圆。

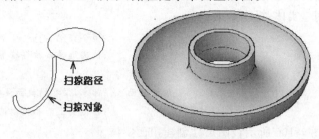

图 7-97　开放闭合的扫掠路径

## 2.放样

放样命令用于在若干（至少 2 个）横截面之间创建三维实体。调用放样命令的方法如下。

（1）功能区："常用"选项卡→"建模"面板→⊗命令按钮（使用三维建模界面）。

（2）工具栏："建模"工具栏→⊗命令按钮（使用经典界面）。

（3）命令行：LOFT。

命令行提示与操作如下。

| | |
|---|---|
| 命令：_loft | ;输入命令 |
| 按放样次序选择横截面： | ;依次选择放样对象 |
| 按放样次序选择横截面： | |
| 输入选项[导向(G)/路径(P)/仅横截面(C)]＜仅横截面＞： | ;回车，按截面放样 |

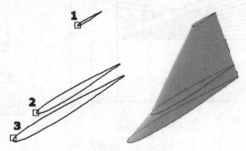

图 7-98　放样

# 模块 2　实例指导

【例 7-9】　按图 7-99 所示轮廓创建放样实体。

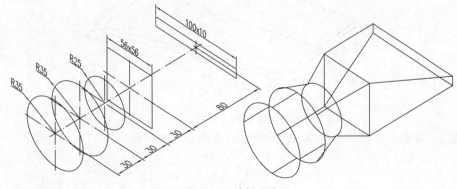

图 7-99　放样实体

步骤 1　设置侧面为绘图工作平面，按尺寸绘制各截面轮廓。

步骤 2　放样创建实体，操作如下。

命令：_loft　　　　　　　　　　　　　　　　　；输入命令

按放样次序选择横截面：　　　　　　　　　　　　；依次选择各放样轮廓

……

输入选项[导向(G)/路径(P)/仅横截面(C)]＜仅横截面＞；回车，仅按横截面放样实体

　　　　　　　　　　　　　　　　　　　　　　　　；横截面上曲面控制选择"直纹"

【例 7-10】　按图 7-100 所示视图尺寸创建扭面实体。

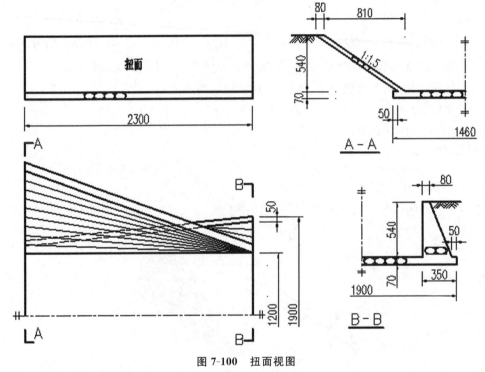

图 7-100　扭面视图

步骤 1　水平面上绘制四边形，拉伸高度为 70，创建底板，如图 7-101 所示。

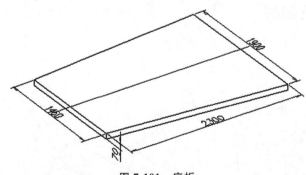

图 7-101　底板

步骤 2　侧面上绘制扭面的 A、B 断面轮廓，如图 7-102 所示。

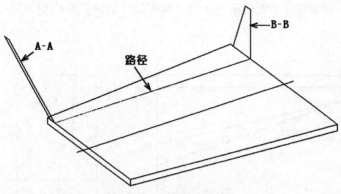

**图 7-102　扭面放样轮廓**

步骤 3　沿路径放样扭面实体，如图 7-103 所示。

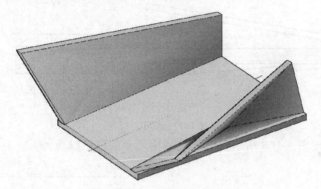

**图 7-103　放样创建扭面实体**

# 模块 3　自测练习

【练习 7-16】　根据图 7-104 所示两视图尺寸，创建三维模型。

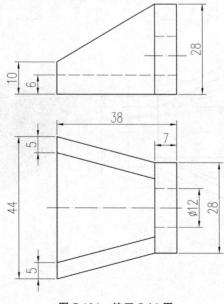

**图 7-104　练习 7-16 图**

【练习 7-17】 根据图 7-105 所示挡土墙结构图尺寸创建三维模型。

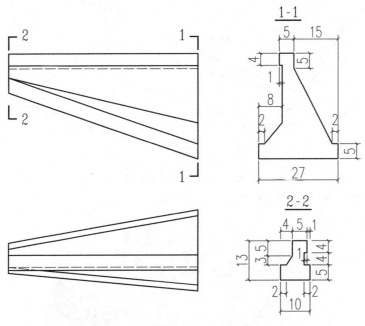

**图 7-105** 练习 7-17 图

【练习 7-18】 按图 7-106 所示扭面翼墙结构尺寸创建三维模型。

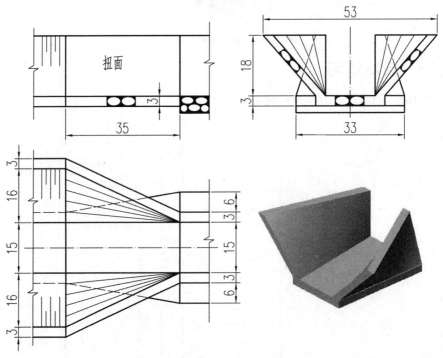

**图 7-106** 练习 7-18 图

【练习 7-19】  创建如图 7-107 所示的八字翼墙三维模型。

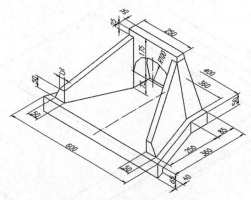

图 7-107   练习 7-19 图

# 任务 6   水闸三维模型

## 模块 1   闸室

按图 7-108 所示闸室结构尺寸创建闸室三维模型。

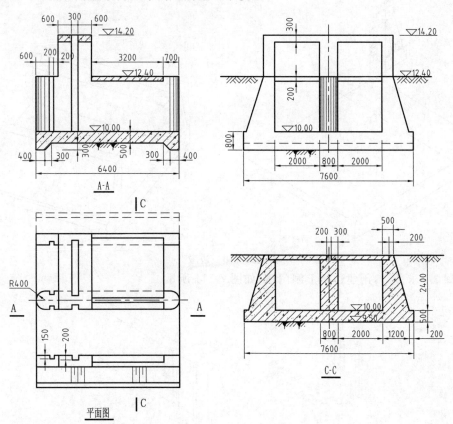

图 7-108   闸室结构图

步骤 1　拉伸闸室底板模型,在正面上绘制拉伸轮廓,拉伸长度为 7600,如图 7-109 所示。

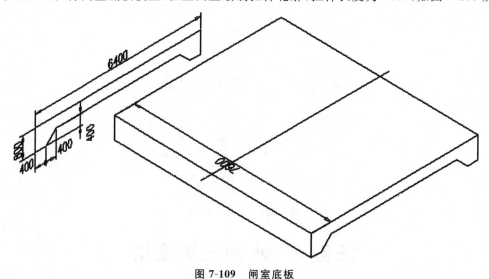

**图 7-109　闸室底板**

步骤 2　拉伸创建边墩模型,在侧面上绘制边墩的 C-C 断面作为拉伸轮廓,拉伸长度为 6400,如图 7-110 所示。

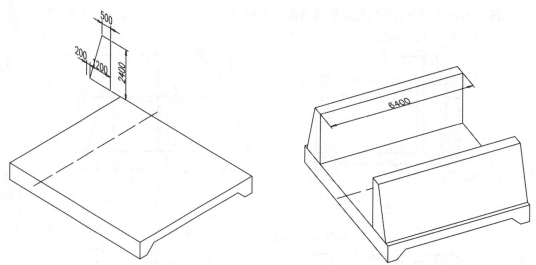

**图 7-110　边墩**

步骤 3　求差集,创建边墩上闸门槽,如图 7-111 所示。

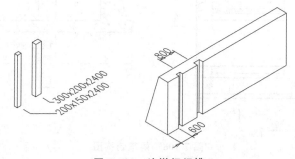

**图 7-111　边墩闸门槽**

步骤 4　拉伸创建中墩模型，在水平面上绘制中墩的平面轮廓，拉伸高度为 2400，如图 7-112 所示。

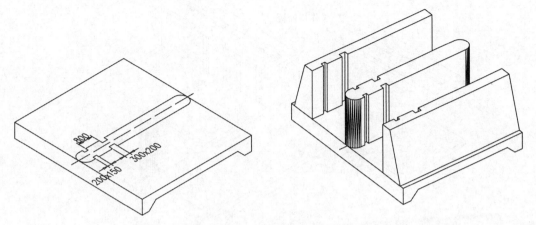

图 7-112　中墩

步骤 5　在闸墩顶部压印两条直线，再用"拉伸面"命令拉高 1600，如图 7-113 所示。

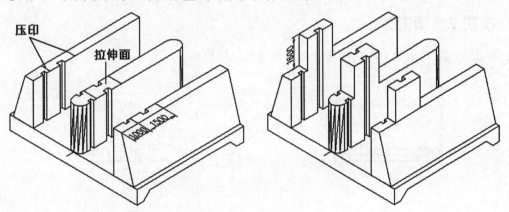

图 7-113　编辑闸墩

步骤 6　利用"差集"命令在闸墩顶部编辑槽口以便放置桥面板，如图 7-114 所示。

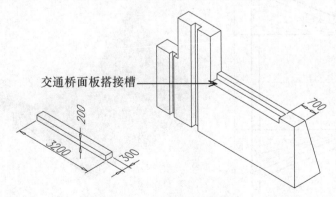

图 7-114　编辑闸墩顶部槽口

步骤 7　创建工作桥和交通桥面板,如图 7-115 所示。

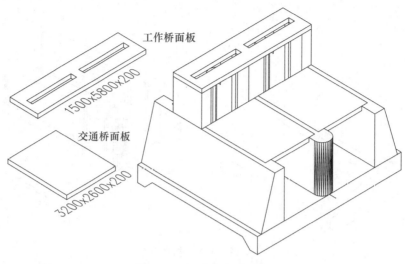

图 7-115　工作桥与交通桥

## 模块 2　消力池

按图 7-116 所示消力池结构尺寸创建消力池三维模型。

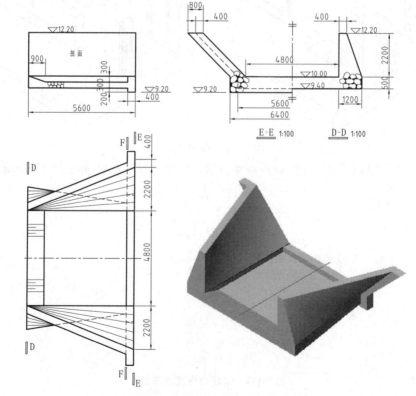

图 7-116　水闸消力池结构图

步骤 1　在水平面绘制底板拉伸轮廓,在正面绘制消力池拉伸轮廓,如图 7-117 所示。

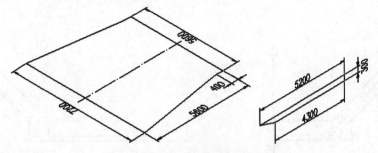

**图 7-117　消力池拉伸平面轮廓**

步骤 2　将以上轮廓分别拉伸 600 和 4800,如图 7-118 所示。

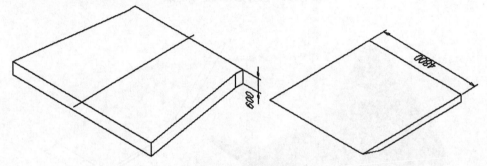

**图 7-118　拉伸底板**

步骤 3　将步骤 2 的两实体移动定位后求差,完成消力池底板模型,如图 7-119 所示。

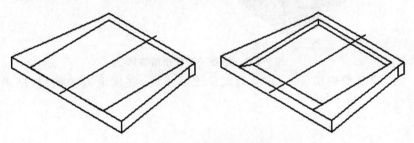

**图 7-119　作差集完成底板**

步骤 4　在侧面上绘制扭面的 D-D、F-F、E-E 三个断面轮廓,沿路径放样得扭面实体,如图 7-120 所示。

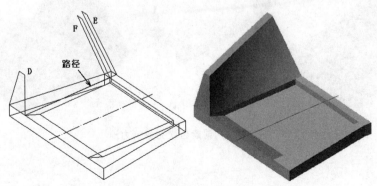

**图 7-120　沿路径放样扭面实体**

步骤 5　　镜像复制另一扭面实体,并在侧面上按图 7-121 所示绘制齿坎轮廓,结果如图 7-122所示。

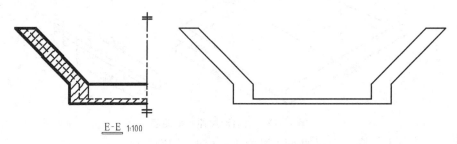

图 7-121　消力池右端齿坎轮廓

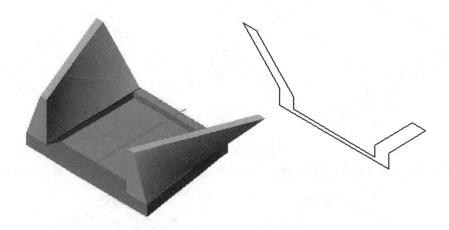

图 7-122　沿路径放样扭面实体

步骤 6　　拉伸齿坎轮廓 400,并准确定位之后求并,完成消力池模型,结果如图 7-123所示。

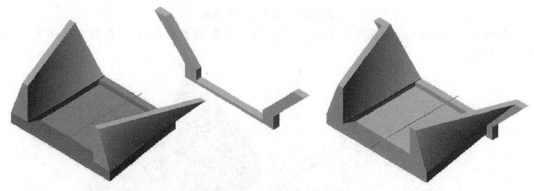

图 7-123　创建齿坎完成消力池

## 模块 3　上游连接段

按图 7-124 所示上游连接段结构尺寸创建三维模型。

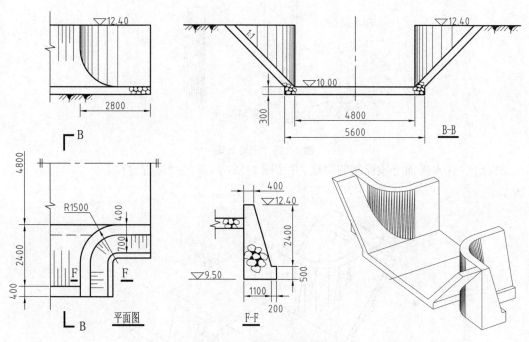

**图 7-124　上游连接段结构图**

步骤 1　在侧面绘制渠道断面轮廓,拉伸出一段渠道,如图 7-125 所示。

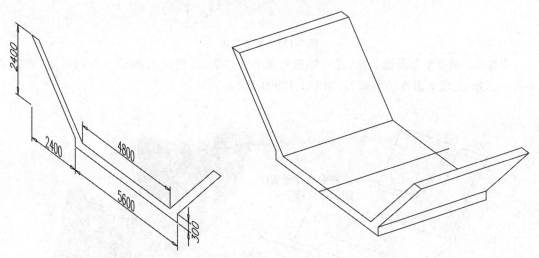

**图 7-125　上游渠道**

步骤 2　在正面绘制翼墙断面轮廓,水平面上绘制拉伸路径,沿路径拉伸得翼墙模型,如图 7-126 所示。

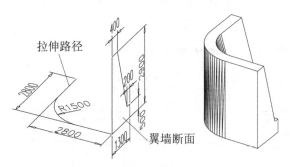

图 7-126　上游翼墙

步骤 3　在水平面上镜像复制翼墙,并按图 7-127 所示尺寸进行定位。

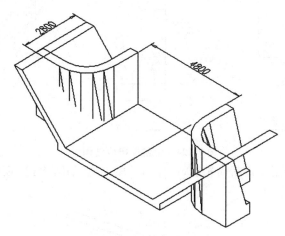

图 7-127　翼墙定位

步骤 4　原位复制翼墙 1 次,并将渠道与翼墙求差集,之后利用▯▯命令分割渠道,删除不要的一部分,完成上游连接段模型,如图 7-128 所示。

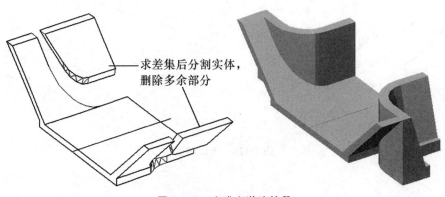

图 7-128　完成上游连接段

## 模块 4  下游护坡

按图 7-129 所示下游护坡结构尺寸创建三维模型。

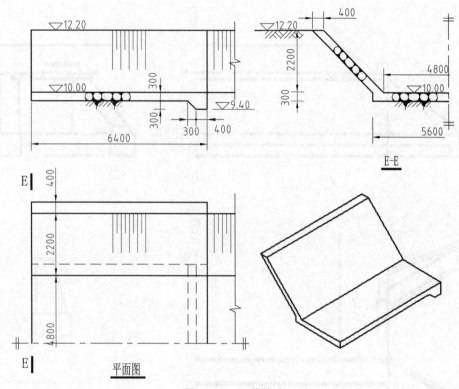

图 7-129  下游护坡

步骤 1  在侧面上绘制护坡梯形断面,正面上绘制齿坎断面轮廓。

步骤 2  拉伸护坡 6400,拉伸齿坎 5600。

步骤 3  求并集,完成结果如图 7-130 所示。

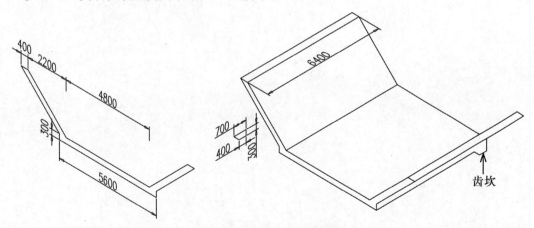

图 7-130  下游护底护坡模型

## 模块 5　自测练习

【练习 7-20】　按图 7-131 所示涵洞结构尺寸,创建涵洞三维模型。

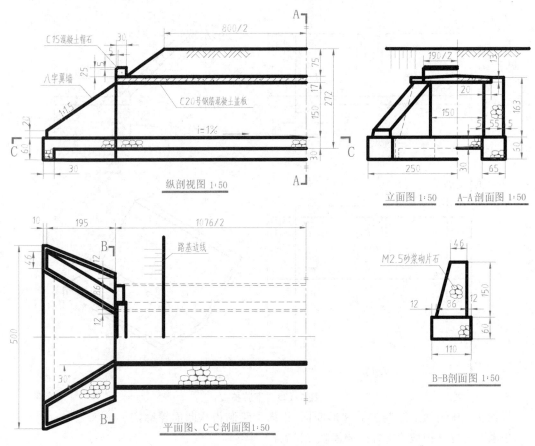

图 7-131　练习 7-20 图

# 参 考 文 献

[1]  晏孝才.AutoCAD 工程绘图[M].北京:中国电力出版社,2008.

[2]  晏孝才. AutoCAD 实训教程[M].北京:中国电力出版社,2008.

[3]  程绪琦,王建华,刘志峰,等.AutoCAD2012 中文版标准教程[M].北京:电子工业出版社,2012.